챗GPT 활용
선거 홍보 전략

AI 활용 필승 당선

AI선거전략연구소 최재용 고미정 김금란
공저 김래은 김수란 김진수 김진희 류정아 박시은
배미주 유채린 이도혜 이동신 이현구 조수현
감수 김진선

미디어북

챗GPT 활용 선거 홍보 전략

초 판 인 쇄	2024년 1월 11일
초 판 발 행	2024년 1월 19일
공 저 자	AI선거전략연구소 최재용 고미정 김금란 김래은 김수란 김진수 김진희 류정아 박시은 배미주 유채린 이도혜 이동신 이현구 조수현
감 수	김진선
발 행 인	정상훈
디 자 인	신아름
펴 낸 곳	미디어북

서울특별시 관악구 봉천로 472
코업레지던스 B1층 102호 고시계사

대 표 02-817-2400   팩 스 02-817-8998
考試界 · 고시계사 · 미디어북 02-817-0419
www.gosi-law.com
E-mail : goshigye@chollian.net

판 매 처	미디어북 · 고시계사
주 문 전 화	817-2400
주 문 팩 스	817-8998

정가 20,000원   ISBN 979-11-89888-74-9   13560

미디어북은 고시계사 자매회사입니다

챗GPT 활용해
전략적으로 선거 홍보하자!

오는 4월 10일은 '제22대 국회의원 선거' 일이다. 매번 선거철만 되면 각 후보가 소속한 정당의 선거운동으로 대한민국이 술렁이며 요동친다. 특히 후보자들은 유권자들의 표심을 얻기 위해 마치 전쟁에 내던져진 전사처럼 처절하게 싸운다. 그래서 선거를 '총성 없는 전쟁'이라고 하지 않았던가!

현대사회에서 선거는 '민주주의'의 핵심적인 요소 중 하나이다. 18세 이상 대한민국 국민이라면 누구나 투표권을 갖고 있다. 이번 '제22대 국회의원 선거'에서는 국회의원 300명, 재·보궐선거 구·시·군의 장 2명, 시·도의회의원 13명, 구·시·군의회의원 16명(2024.1.3. 기준)을 국민의 손으로 선출하게 되며, 동시에 대한민국 역사의 한 페이지가 새롭게 쓰여지는 결전의 날이 될 것이다.

해당 후보자들은 선거기간 동안 국민 즉 유권자의 표심을 얻기 위해 죽을 힘을 다해 싸울 것이다. 내가 이기지 않으면 즉, 당선하지 못하면 낙선한 패배자로 전락하기 때문이다. 이 한날을 향해 죽을 힘을 다해 달려왔으나 정신적·육체적·경제적 피해를 한 몸에 받아야 할 것이며 그 후유증 또한 막대할 것이다. 그래서 후보자들은 반드시 선거판에서 승리해야 한다.

선거에서 승리하기 위해서는 무엇보다 후보자의 '정책'과 '공약'을 효과적으로 전달해 유권자들의 지지를 얻는 것이 중요하다. 최근에는 인공지능(AI) 기술이 발전하면서 선거 홍보에도 인공지능 기술을 활용할 수 있게 됐다.

그중에서도 '챗GPT'는 자연어 처리 기술을 기반으로 '대화형 인공지능 서비스'를 제공해 선거 홍보에 매우 유용하게 활용될 수 있다. AI선거전략연구소가 이번 선거에 발맞춰 편찬한 신간 '챗GPT 활용 선거 홍보 전략'에는 연구소 전문위원들이 모여 AI를 활용한 선거 홍보 전략 노하우를 담아냈다.

책은 전체 네 개의 파트로 구성되며 〈파트 1〉은 'AI 활용 선거 필승 전략적 기초' 편으로 최재용 저자의 '챗GPT 이해와 사용방법', 배미주 저자의 '대중을 움직이는 말, 챗GPT를 이용한 맞춤형 연설문 작성 방법', 김수란 저자의 'AI를 활용한 선거 보도자료 작성', 김진수 저자의 '챗GPT 활용 선거 전략 프롬프트 100선(효율적인 선거 캠페인 전략을 중심으로)'으로 구성했다.

〈파트 2〉는 '기본 소통 도구와 콘텐츠 제작' 편으로 김래은 저자의 '선거 필승전략의 핵심, 챗GPT와 블로그 마케팅의 결합', 김금란 저자의 '시각적 설득의 기술, 선거 캠페인을 위한 포스터와 PPT 전략 가이드', 고미정 저자의 '유권자의 마음을 잡는 카드뉴스', 조수현 저자의 '영상으로 말하는 정치, 키네마스터를 활용한 선거 전략', 이동신 저자의 '하나의 링크로 후보자의 모든 것을 알리는 신박한 홍보 전략'을 소개하고 있다.

〈파트 3〉은 '시각적 콘텐츠 제작 및 동영상 활용 전략' 편으로 박시은 저자의 'Vrew로 한 번에 끝내는 뉴스 속보 영상 제작', 유채린 저자의 'AI 활용 비디오 스튜 숏폼 콘텐츠, 유튜브 쇼츠 & 인스타 릴스 선거 전략', 김진희 저자의 '캡컷과 틱톡 활용해 디지털 세대를 사로잡는 AI 선거 전략', 이도혜 저자의 'AI 가상 인간 제작 플랫폼을 활용한 선거 홍보 영상 제작(플루닛 스튜디오, HeyGen)'을 담았다.

〈파트 4〉는 '고급 커뮤니케이션과 데이터 분석 및 선거캠프용 대화형 AI 챗봇 제작' 편으로 이현구 저자의 '챗GPT 고급 데이터분석 활용, 선거 공약 발굴 및 홍보 전략', 류정아 저자의 'My GPTs(Chat GPT 챗봇)를 활용한 혁신적인 AI 선거'로 마무리하고 있다.

이 책에서 소개하고 있는 AI를 후보자들이 적극적으로 선거 홍보 운동에 활용한다면 아마도 AI를 활용하지 않은 다른 후보자들에 비해 보다 많은 유권자와 소통하며, 그들의 표심을 사로잡을 수 있게 될 것이라 확신한다.

따라서 이 책은 선거 홍보에 관심 있는 관련 정당이나 선거 홍보 관리자 및 AI에 관심이 있는 이들에게도 아주 유용한 정보를 제공할 것이다. 이제 각 정당의 후보와 선거관계자들은 다른 후보자와 차별화된 선거 전략을 수립하기 위해 지금보다 더 전략적·적극적으로 AI를 선거전에 도입해야 할 것이다.

앞으로 선거는 AI를 활용한 후보와 활용하지 않은 후보로 나뉘게 될 것이다. 그리고 그 결과는 명약관화한 결과를 가져올 것이다. 따라서 연구소의 이번 신간 '챗GPT 활용 선거 홍보 전략'을 선거 운동에 앞서 적극 추천하는 바이다.

끝으로 이 책의 감수를 맡아 수고하신 파이낸스투데이 전문위원, 이사이며 현재 AI선거전략연구소 부소장인 김진선 교수님께 감사를 드리며 미디어북 임직원 여러분께도 감사의 말씀을 전한다.

2024년 첫 달에
AI선거전략연구소 **최 재 용** 소장

공저자 소개

최 재 용

과학기술정보통신부 인가 사단법인 4차산업혁명연구원 이사장이며 한성대학교 지식서비스&컨설팅대학원 스마트융합컨설팅학과 겸임교수로 챗GPT와 ESG를 강의 하고 있다.

(mdkorea@naver.com)

고 미 정

디지털융합교육원 지도교수이자, 국제AI협회 부회장으로 업무효율화와 아트 분야에서 강의 중이며, AI 교육 분야에서 '아시아리더 대상' 수상, 아트앤뉴스 기자로도 활동 중이다.

(juliamijung@gmail.com)

김 금 란

'나만 알고 싶은 챗GPT 활용 업무 효율화 비법'이라는 베스트셀러의 저자. AI 전문 디지털 강사로서 활동하며, 퍼스널 브랜딩 '원씽'의 대표로서 다수의 강사를 배출했다. 현재 국제 AI협회 상임이사직을 맡고 있다.

(molis81@naver.com)

경복대학교 겸임교수, 한국AI예술협회 부회장, 디지털융합교육원 교수 및 선임연구원, 아시아 휴먼 AI모델협회 이사로 재직 중이며 AI 콘텐츠 전문 강사, 온라인 SNS 강사로 활약 중이다.

김 래 은

(ncam0191@naver.com)

김 수 란

챗GPT 디지털융합교육원 지도교수, '전문직을 위한 인공지능 챗GPT' 베스트셀러 저자이며, 블로그, 전자책강의 및 코칭으로 자서전, 에세이, 전문 분야의 출판을 돕고 있다.

(rlatnfksab@naver.com)

AI선거 전략연구소 전문위원, FN투데이기자 겸 수원지국장, 디지털융합교육원 교수, 한국 AI전문가협회 엑스퍼트, AI프롬프트연구소 연구팀장으로 활동하며 학교, 기업, 소상공인과 일반인에게 인공지능 콘텐츠 활용 마케팅 전략을 강연과 컨설팅 서비스로 돕고 있다.

김 진 수

(kjs36936941@gmail.com)

공저자 소개

김 진 희

미래교육아카데미 대표이자 디지털융합교육원 지도교수, 파이낸스투데이 청주지국장으로 챗GPT·생성AI 교육전문가와 AI아티스트로 활동중이다.

(yjerani@gmail.com)

류 정 아

디지털융합교육원 선임연구원이며 파이낸스투데이 기자로 강북구 지국장을 맡아 활동하고 있다.

(pinkrose0726@naver.com)

박 시 은

AI선거전략연구소 전문위원과 디지털융합교육원 교수, 한국AI전문가협회 정회원로 활동중이며 블로그 마케팅, 챗GPT 기초·심화, AI 영상 제작 분야에서 강의와 컨설팅을 진행하고 있다.

(sieun_ssam@naver.com)

배 미 주

프롬프트 전문가이자 생성형 AI 활용 교육전
문가다. 극동대학교 외래교수, 한양대학교 미
래경영전략고위경영자과정 지도교수, 한국AI
예술협회 수석부회장으로 활동하며 AI 시대에
필요한 혁신적인 AI 활용 교육 방법과 예술의
융합을 선도하고 있다. (imiso88@naver.com)

유 채 린

아동부터 성인까지 전 연령을 아우르는 강의
를 하고 있다. 아동 교육 분야에서 연구진 및
대표로 활동하고 있으며 AI를 비롯한 온라인
도구 활용 강의도 한다. AI선거전략연구소의
전문위원으로 활동하며 바른 선거문화에 앞
장서고 있다.   (lovelyjo85@naver.com)

한국AI교육연구소 대표, 디지털융합교육원 경
기남부 지회장, 현재 공공기관·지자체·공기
업·대학 등에서 챗GPT를 활용한 업무효율화,
인공지능으로 영상제작, AI아트, 다양한 종류
의 글쓰기 강의, (구)틱톡코리아 공식 파트너
크리에이터로 틱톡 및 숏폼관련 강의도 활발
하게 하고 있다.   (dohye.edu@gmail.com)

이 도 혜

공저자 소개

이 동 신

국제AI협회 부회장 및 디지털융합교육원 지도교수, AI선거전략연구소 전문위원, 마이데일리생활연구소장, 두줄아카데미 사무총장으로 일하고 있다.

(ssjameslee@daum.net)

삼성전자 등 대기업에서 30년 근무 후 강남대학교 산학협력단 교수에 재직중이며 경영학박사 및 경영지도사로서 중소기업, 소상공인, 스타트업을 대상으로 컨설팅을 하고 있다. 중점분야는 마케팅, ESG전략, 정부지원사업, 사업계획서 등이며, 2023년부터 챗GPT 및 생성AI 관련 강의를 50여 차례 진행해 오고 있다.

(franklee.sec@gmail.com)

이 현 구

AICLab 인공지능콘텐츠연구소 소장이자 디지털융합교육원 교수, AI선거전략연구소 부회장으로 정부기관과 공기업, 교육기관, 의료기관 등에서 인공지능을 활용한 업무 효율화와 블로그 마케팅 강의를 진행중이다. 파이낸스투데이 용산지국장으로 아시아미디어언론부문을 수상했다. (bobossam9678@gmail.com)

조 수 현

감 수 자

김 진 선

'i-MBC 하나더 TV 매거진' 발행인, 세종 대학교 세종 CEO 문학포럼 지도교수를 거쳐 현재 한국메타버스연구원아카데미 원장, 파이낸스투데이 전문위원/이사, SNS스토리저널 대표로서 활동 중이다. 30여 년간 기자로서의 활동을 바탕으로 출판 및 뉴스크리에이터 과정을 진행하고 있다.　(hisns1004@naver.com)

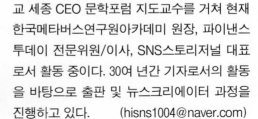

Contents

AI 활용 선거 필승 전략적 기초

| 제1장 | 챗GPT 이해와 사용방법

Contents

| 제3장 | AI를 활용한 선거 보도자료 작성

| 제4장 | 챗GPT 활용 선거 전략 프롬프트 100선

Contents

Contents

| 제3장 | 유권자의 마음을 잡는 카드뉴스

| 제4장 | 영상으로 말하는 정치, '키네마스터'를 활용한 선거 전략

Contents

시각적 콘텐츠 제작 및 동영상 활용 전략

Contents

고급 커뮤니케이션과 데이터 분석 및 선거캠프용 대화형 AI 챗봇 제작

Contents

PART 1

AI 활용 선거 필승 전략적 기초

1

챗GPT 이해와
사용방법

최 재 용

제1장
챗GPT 이해와 사용방법

오는 4월 10일 '제22대 국회의원 선거'에서는 국회의원 300명을 비롯해, 재·보궐선거 구·시·군의 장 2명, 시·도의회의원 13명, 구·시·군의회의원 16명(2024.1.3. 기준)을 국민의 손으로 선출하게 된다.

또한 중앙선거관리위원회에서는 '생성형 AI를 통해 도출된 내용으로 작성된 글 또는 제작한 사진·동영상·음성 등을 활용해 공직선거법에서 허용되는 방법으로 선거 운동 등이 가능하다'라고 밝혔다.

여기서 인공지능(AI)은 오늘날 기술 세계에서 가장 혁신적이고 영향력 있는 분야 중 하나이다. 본 교재는 AI의 기본 개념을 소개하고, 특히 자연어 처리 분야에서 주목받고 있는 챗GPT에 대해 심층적으로 탐구하고자 한다.

AI는 기계가 인간과 유사한 지능적인 행동을 수행할 수 있도록 하는 컴퓨터 과학의 한 분야를 지칭한다. AI 기술은 데이터 분석, 패턴 인식, 학습 능력 등을 통해 다양한 문제를 해결하고, 사용자 경험을 향상하는 데 중요한 역할을 한다.

이제 선거에서 AI 활용은 선택이 아닌 필수이다. 그럼에도 아직도 많은 사람들은 AI를 공상과학 영화에나 나올 수 있는 일들로 거리두기를 하고 있다. 한번 AI를 사용해 본 경험자라면 한 번만 AI를 사용하지는 않는다.

AI는 발전을 거듭하고 있고 사용자들은 자고 나면 새로운 AI가 나왔는지 혈안이 돼 있다. 그만큼 AI가 가져다주는 유용성, 기능의 효율성 등은 이제 우리 삶 속에서 간과할 수 없는 존재로 다가와 있다.

필자는 이와 같은 AI 활용을 선거 운동에 활용한다면 많은 인력이 해야 할 일을 AI가 대신할 수 있어 비용적인 면에서 경제적일 수 밖에 없다는 것을 강조한다. 이뿐만 아니라 AI는 사람의 머리로 만들어 낼 수 없는 놀라운 아이디어와 콘텐츠 등을 순식간에 무한대로 생산해 낼 수 있는 능력을 갖추고 있다.

따라서 선거 운동에서 필요한 전략수립과 홍보 콘텐츠 생산에 있어서 막대한 비용과 시간을 절약하고, 업무의 효율화를 꾀할 수 있기에 AI를 선거 운동에 전략적으로 활용할 것을 적극 추천한다. 이에 가장 기본이 되는 몇 가지 이해들과 간단한 챗GPT 활용 방법 등을 소개하고자 한다.

[그림1] 인공지능 통해 다양한 정보 활용 가능(작가 : 이신우, 제작 : 미드저니)

1. 챗GPT, 대화형 AI의 새로운 지평을 열다

챗GPT는 OpenAI에 의해 개발된 대화형 AI 모델로 사용자의 입력에 대해 인간처럼 자연스럽고 유창한 응답을 생성한다. 챗GPT의 기술적 기반은 GPT(Generative Pre-trained Transformer)로 대규모 언어 모델을 통해 복잡한 언어 패턴과 문맥을 이해하고 반응한다.

본문에서는 챗GPT의 작동 원리, 주요 기능, 다양한 활용 사례들을 살펴보며 이 기술의 잠재력을 이해하고 활용하는 방법도 함께 배우고자 한다.

[그림2] 대화에 활용할 수 있는 챗GPT(작가 : 이신우, 제작 : 미드저니)

2. 자연어 처리(Natural Language Processing, NLP)란?

자연어 처리(NLP)는 컴퓨터가 인간의 언어를 이해하고 처리하는 기술이다. 이 분야는 언어학, 컴퓨터 과학, 인공지능이 결합 된 형태로 인간의 언어를 컴퓨터가 분석하고 이해할 수 있도록 만드는 것이 핵심 목표이다.

1) NLP의 중요성

(1) 효율적인 커뮤니케이션

컴퓨터가 인간의 언어를 이해하고 대응할 수 있게 함으로써, 사람과 기계 간의 상호 작용이 자연스럽고 효율적으로 이루어질 수 있다.

[그림3] 다양한 커뮤니케이션에서 챗GPT 활용 가능(작가 : 이신우, 제작 : 미드저니)

(2) 다양한 응용

NLP 기술은 검색 엔진, 기계 번역, 챗봇 등 다양한 분야에 적용돼 사용자 경험을 개선한다.

2) NLP의 기본 작업

(1) 텍스트 분석

문장 구조 파악, 키워드 추출, 의미 분석 등을 통해 텍스트의 정보를 추출하고 분류한다.

(2) 언어 모델링

문장이나 단어의 발생 확률을 계산해, 자연스러운 언어 생성이나 텍스트 완성에 사용된다.

[그림4] 다양한 언어 모델로 챗GPT 활용 가능(작가 : 이신우, 제작 : 미드저니)

3) NLP 기술의 발전

(1) 규칙 기반 시스템

초기 NLP 시스템은 문법 규칙에 기반해 언어를 처리했으나, 유연성과 확장성에 한계가 있었다.

(2) 통계적 접근

데이터에서 언어의 패턴을 학습하고, 이를 바탕으로 언어 처리를 수행한다. 머신러닝 기법이 이 분야에 널리 사용된다.

(3) 딥 러닝과 NLP

최근에는 딥 러닝 기술을 활용한 NLP가 중요하게 부상하고 있다. 예를 들어, GPT와 BERT와 같은 모델은 복잡한 언어 이해와 생성 작업에 혁신을 가져왔다.

4) NLP의 현재와 미래

NLP 기술은 계속해서 발전하고 있으며 이는 자연어 이해 및 생성의 정확도와 다양성을 높이고 있다. 또한 감정 분석, 요약, 대화 시스템 등 새로운 응용 분야를 탐색하고 있다. 향

후 NLP는 더욱 정교하고 다양한 언어의 뉘앙스를 포착하며 인간과 기계 간의 커뮤니케이션을 더욱 효율적으로 만들 것으로 예상된다.

자연어 처리는 인공지능의 가장 중요한 분야 중 하나로, 기술의 발전과 함께 우리의 일상생활과 산업에 깊이 파고들고 있다. 이 기술의 기초를 이해하는 것은 AI 기술의 미래 방향과 그 영향을 이해하는 데 필수적이다.

3. 챗GPT의 학습 과정 및 데이터 사용

챗GPT의 학습 과정과 데이터 사용은 이 AI 시스템의 성능과 능력을 결정짓는 핵심 요소이다.

[그림5] 데이터 취합 및 분석에 탁월한 챗GPT(작가 : 이신우, 제작 : 미드저니)

1) 챗GPT의 학습 과정

챗GPT의 효과적인 작동은 복잡한 학습 과정에 의존한다.

(1) 사전 훈련(Pre-training)

챗GPT는 먼저 대규모 언어 데이터 셋으로 사전 훈련된다. 이 데이터 셋은 인터넷에서 수집한 다양한 텍스트로 구성되며, 일반적인 언어 사용 패턴, 문법, 어휘 등을 포함한다.

(2) 파인 튜닝(Fine-tuning)

사전 훈련 후, 챗GPT는 특정 작업이나 애플리케이션에 맞게 추가적으로 훈련될 수 있다. 이 과정에서는 보다 특화된 데이터를 사용해 모델의 성능을 최적화한다.

2) 데이터 사용 및 처리

챗GPT가 데이터를 처리하고 학습하는 방식은 그 성능과 정확성에 결정적인 영향을 미친다.

(1) 데이터의 다양성

챗GPT는 다양한 출처와 주제의 텍스트 데이터를 사용한다. 이를 통해 다양한 유형의 대화와 상황에 대응할 수 있는 능력을 개발한다.

(2) 텍스트 토큰화(Tokenization)

학습 과정에서 입력된 텍스트는 더 작은 단위인 '토큰'으로 분해된다. 이 토큰들은 모델이 처리할 수 있는 숫자 형태로 변환돼 학습에 사용된다.

(3) 컨텍스트 이해

챗GPT는 입력된 텍스트의 문맥을 이해하기 위해 주변 토큰과의 관계를 분석한다. 이는 모델이 보다 정확하고 자연스러운 대답을 생성하는 데 도움을 줍니다.

3) 데이터 관리와 윤리적 고려 사항

[그림6] 챗GPT로 데이터 자료 분석도 가능(작가 : 이신우, 제작 : 미드저니)

(1) 데이터의 질과 균형

고품질의 균형 잡힌 데이터는 챗GPT가 편향 없이 다양한 시나리오에 대응할 수 있도록 한다. 특히, 편향된 데이터로 인한 문제를 예방하는 것이 중요하다.

(2) 개인정보 보호

학습 데이터를 수집하고 처리하는 과정에서 개인정보 보호와 데이터 보안은 매우 중요한 고려 사항이다.

4. 챗GPT와 기타 AI 시스템과의 비교

챗GPT는 현대 AI 시스템 중 하나이며, 다른 AI 시스템과 비교해 볼 때 독특한 특징과 기능을 갖고 있다. 이 장에서는 챗GPT를 다른 AI 시스템과 비교해 그 차이점과 각 시스템의 특성을 탐구한다.

1) 챗GPT와 전통적 AI 시스템

(1) 규칙 기반 시스템

전통적인 AI 시스템은 명시적인 규칙과 알고리즘에 기반해 작동한다. 이와 달리, 챗GPT는 대규모 데이터를 기반으로 학습하며 더 유연하고 자연스러운 대화 능력을 갖고 있다.

(2) 응용 범위

전통적 AI는 종종 특정 작업이나 분야에 최적화돼 있지만, 챗GPT는 다양한 주제와 맥락에서의 대화에 적합하게 설계됐다.

2) 챗GPT와 다른 현대 AI 모델

(1) BERT

BERT(Bidirectional Encoder Representations from Transformers)는 텍스트의 양 방향적 맥락을 이해하는 데 강점을 갖고 있다. 챗GPT는 이보다 더 다양한 언어 생성 작업에 적합하다.

(2) OpenAI의 GPT 시리즈

GPT-3와 같은 이전 모델들도 대규모 언어 모델을 사용하지만 챗GPT는 특히 대화형 AI에 중점을 두고 개선됐다.

5. 챗GPT의 독특한 특성

1) 대화형 AI

챗GPT는 연속적인 대화에서 맥락을 유지하는 능력이 뛰어나며, 사용자의 질문에 대해 일관된 답변을 제공한다.

2) 언어 생성

챗GPT는 주어진 프롬프트에 따라 창의적인 텍스트를 생성할 수 있는 능력이 뛰어납니다.

[그림7] 일상생활과 업무에 챗GPT 활용(작가 : 이신우, 제작 : 미드저니)

3) 챗GPT의 한계

(1) 지식의 한계

챗GPT는 훈련 데이터에 한정된 지식을 갖고 있으며, 실시간으로 업데이트되거나 검증되지 않은 정보를 사용할 수 있다.

(2) 편향의 가능성

학습 데이터의 편향이 모델의 출력에 영향을 미칠 수 있다.

챗GPT는 다른 AI 시스템과 비교했을 때 고유한 특성과 장점을 갖고 있다. 이러한 이해는 AI 기술의 다양한 적용 가능성과 그 한계를 파악하는 데 중요하다. 챗GPT는 특히 대화형 AI 분야에서 혁신을 이뤘으며, 지속적인 개발과 연구를 통해 더욱 정교하고 유용한 도구로 발전할 것으로 기대된다.

6. 챗GPT 활용법

1) 챗GPT 가입 과정 및 계정 설정

챗GPT를 효과적으로 활용하기 위해서는 먼저 가입 과정을 거치고 계정을 설정하는 것이 중요하다. 이 장에서는 챗GPT에 가입하고 계정을 설정하는 단계별 과정을 설명한다.

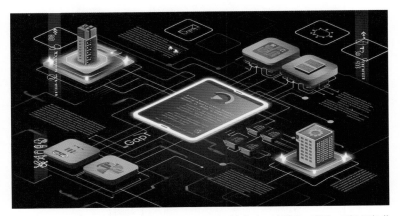

[그림8] 챗GPT의 다양한 기능 활용은 무한대(작가 : 이신우, 제작 : 미드저니)

(1) 가입 과정

① **웹사이트 방문** : OpenAI 또는 챗GPT 관련 웹사이트에 방문한다.

② **가입 페이지 이동** : 웹사이트 내에서 '가입하기(Sign Up)' 버튼을 찾아 클릭한다.

③ **개인정보 입력** : 이메일주소, 사용자 이름, 비밀번호 등 필요한 개인정보를 입력한다.

④ **이용 약관 동의** : 서비스 이용 약관 및 개인정보 처리 방침을 읽고 동의한다.

⑤ **이메일 인증** : 가입 시 사용한 이메일로 발송된 인증 링크를 클릭해 계정을 활성화한다.

(2) 계정 설정

① **프로필 설정** : 사용자 프로필에 필요한 정보를 입력하고, 필요에 따라 프로필 사진을 업로드한다.

② **통지 설정** : 이메일이나 모바일 통지 설정을 조정해 새로운 업데이트나 알림을 받을 수 있다.

③ **보안 설정** : 계정 보안을 위해 2단계 인증(2FA)을 설정하는 것이 좋다.

④ **사용자 환경 설정** : 사용자의 선호도에 맞게 언어, 테마, 시간대 등을 설정한다.

(3) 추가 설정 및 활용 팁

① **API 키 생성** : 챗GPT를 프로그래밍적으로 활용하기 위해서는 API 키를 생성할 수 있다.

② **사용자 가이드 및 자료** : 챗GPT를 최대한 활용하기 위한 사용자 가이드나 튜토리얼을 참고한다.

③ **커뮤니티 참여** : 사용자 커뮤니티에 참여해 팁을 공유하고 질문을 하며 챗GPT 활용법을 배울 수 있다.

따라서 챗GPT를 사용하기 위한 첫걸음은 가입 과정을 통해 계정을 만들고, 필요에 맞게 계정을 설정하는 것이다. 이 과정을 통해 사용자는 챗GPT를 원활하고 효율적으로 사용할 수 있는 기반을 마련할 수 있다.

2) 인터페이스

챗GPT의 인터페이스를 효과적으로 활용하고 기본 사용법을 익히는 것은 챗GPT의 다양한 기능을 최대한 활용하는 데 중요하다. 이 장에서는 챗GPT 인터페이스의 주요 구성 요소와 기본적인 사용 방법에 대해 설명한다.

(1) 인터페이스 탐색

① **대시보드** : 챗GPT의 메인 화면으로, 사용자의 활동 개요 및 통계, 사용가능한 기능 등을 볼 수 있다.

② **입력창** : 사용자가 질문이나 명령을 입력할 수 있는 필드이다. 텍스트를 입력하고 'Enter'를 눌러 챗GPT에게 요청을 보낸다.

③ **응답 영역** : 챗GPT의 응답이 표시되는 부분으로, 사용자의 입력에 대한 AI의 답변을 확인할 수 있다.

④ **설정 메뉴** : 사용자 계정, 보안 설정, 인터페이스 환경 설정 등을 조정할 수 있는 메뉴이다.

(2) 기본 사용법

① **질문하기** : 챗GPT에게 정보 조회, 문제 해결, 조언 요청 등의 질문을 할 수 있다.

② **명령 실행** : 특정 작업을 수행하도록 챗GPT에 명령을 내릴 수 있다. 예를 들어, 특정 주제에 대한 글 작성, 코드 생성 등의 요청을 할 수 있다.

③ **대화 지속** : 챗GPT는 이전의 대화 맥락을 이해하고 유지할 수 있으므로, 연속된 대화를 진행할 수 있다.

④ **피드백 제공** : 챗GPT의 응답이 만족스럽지 않거나 개선이 필요한 경우, 사용자는 피드백을 제공할 수 있다.

(3) 추가 팁

① **명확한 지시** : 챗GPT에게 더 정확한 응답을 받기 위해서는 명확하고 구체적인 지시를 하는 것이 중요하다.

② **프롬프트 활용** : 특정한 스타일이나 형식의 응답을 원할 때는 프롬프트를 적절히 구성해 사용한다.

③ **다양한 기능 실험** : 챗GPT는 텍스트 생성, 요약, 번역 등 다양한 기능을 제공하므로 여러 기능을 시험해 보는 것이 좋다.

따라서 챗GPT의 인터페이스를 숙지하고 기본 사용법을 익히는 것은 사용자가 이 AI 도구를 보다 효과적으로 활용하는 데 도움을 준다. 다양한 기능과 가능성을 탐색하면서 챗GPT를 통한 창의적인 해결책과 아이디어를 발견할 수 있다.

7. 챗GPT와 대화하기

[그림9] 일상생활은 물론 업무에도 챗GPT 활용 필수(작가 : 이신우, 제작 : 미드저니)

1) 대화 시작 및 기본 명령어 사용법 이해

챗GPT와의 대화를 시작하고 효과적으로 소통하기 위해서는 기본 명령어와 사용법을 이해하는 것이 중요하다. 본문에서는 챗GPT와의 대화를 시작하는 방법과 기본 명령어 사용에 대해 설명한다.

(1) 대화 시작 방법

① 명확한 질문 또는 요청 제시 : 챗GPT에게 원하는 정보나 도움을 명확하게 요청한다. 예) "서울의 날씨는 어때?" 또는 "프로그래밍 기초에 대해 설명해 줘."

② 개방형 질문 사용 : 보다 자세하고 광범위한 답변을 얻기 위해 개방형 질문을 활용한다. 예) "기후 변화에 대한 간략한 요약을 해 줄 수 있어?"

(2) 기본 명령어 및 사용법

① 직접적인 질문 : 구체적인 질문을 통해 필요한 정보나 해결책을 요청한다.
예) "파이썬에서 리스트를 어떻게 정렬하나요?"

② 창의적 요청 : 콘텐츠 생성, 아이디어 브레인스토밍, 글쓰기 등 창의적인 작업을 요청한다. 예) "환경 보호에 관한 짧은 이야기를 써 줘."

③ 사실 확인 : 특정 주제나 정보에 대한 사실 확인을 요청한다.
예) "최근의 우주 관련 발견에 대해 알려줘."

④ 번역 요청 : 다른 언어로의 번역을 요청할 수 있다.
예) "'Hello, how are you?'를 스페인어로 번역해 줘."

2) 대화 이어가기

(1) 이어진 대화

챗GPT는 이전 대화의 맥락을 이해하므로, 대화를 이어가면서 추가적인 정보나 세부 사항을 요청할 수 있다.

(2) 대화 수정 및 구체화

챗GPT의 응답이 만족스럽지 않을 경우, 추가적인 정보를 제공하거나 질문을 수정해 대화를 구체화할 수 있다.

(3) 효과적인 대화 팁

① 짧고 간결한 질문 : 너무 복잡하거나 긴 질문은 대답하기 어려울 수 있으므로, 질문을 간결하게 유지한다.

② **다양한 질문 시도** : 챗GPT의 능력을 최대한 활용하기 위해 다양한 유형의 질문과 요청을 시도해 보자.

③ **피드백 제공** : 챗GPT의 응답에 대한 피드백을 제공함으로써, 시스템의 학습과 개선에 기여할 수 있다.

결론적으로, 챗GPT와의 대화를 시작할 때는 명확하고 구체적인 명령어와 질문을 사용하는 것이 중요하다. 이를 통해 사용자는 챗GPT의 다양한 기능을 효과적으로 활용하고, 원하는 정보나 결과를 얻을 수 있다. 대화 과정에서의 탐색과 실험을 통해 챗GPT의 다양한 가능성을 경험할 수 있다.

8. 응답 이해 및 분석 방법

챗GPT로부터의 응답을 이해하고 올바르게 분석하는 것은 대화의 효과성을 높이는 데 중요하다. 이 장에서는 챗GPT의 응답을 해석하고 분석하는 방법에 대해 설명한다.

[그림10] 챗GPT의 질문에 대한 처리 속도는 업무효율화 증대(작가 : 이신우, 제작 : 미드저니)

1) 응답의 이해

(1) 맥락적 이해

챗GPT의 응답은 질문의 맥락에 기반한다. 따라서 응답을 해석할 때는 질문의 배경과 맥락을 고려해야 한다.

(2) 정보의 정확성

챗GPT는 사전 훈련된 데이터를 기반으로 응답하므로, 응답의 정보가 최신이나 완전히 정확하지 않을 수 있다. 중요한 정보는 추가적인 출처를 통해 확인하는 것이 좋다.

(3) 창의적 응답

챗GPT는 때때로 창의적이거나 예상치 못한 응답을 할 수 있다. 이러한 응답은 새로운 관점이나 아이디어를 제공할 수 있다.

2) 응답 분석 방법

(1) 핵심 내용 파악

응답에서 가장 중요한 정보나 메시지를 식별한다.

(2) 상세 내용 확인

응답에서 제공된 세부 사항이나 예시를 검토해 질문의 요구사항을 충족시키는지 확인한다.

(3) 비판적 사고

제공된 응답이 논리적이고 타당한지, 기존 지식이나 다른 출처와 일치하는지 비판적으로 사고한다.

3) 추가 팁

(1) 질문의 재구성

응답이 불명확하거나 만족스럽지 않을 경우, 질문을 다르게 구성하거나 구체화해 다시 요청한다.

(2) 다중 출처 비교

중요한 정보에 대해서는 챗GPT의 응답뿐만 아니라 다른 출처의 정보와 비교하는 것이 유용하다.

(3) 피드백 활용

챗GPT의 응답이 기대에 미치지 못하면 피드백을 제공해 시스템의 학습에 도움을 줄 수 있다.

따라서 챗GPT의 응답을 이해하고 분석하는 과정은 사용자가 AI와의 대화에서 최대한의 가치를 얻는 데 필수적이다. 응답의 맥락을 이해하고, 정확성을 평가하며, 비판적으로 생각하는 것이 중요하다. 이러한 과정을 통해 챗GPT는 더 유용하고 신뢰할 수 있는 도구가 된다.

Epilogue

선거는 정치의 시작이며 기본이다. 선거를 앞두고 각 정당의 후보들은 '당선'이라는 목표 앞에서 수단과 방법을 가리지 않는다. 여야를 막론하고 당선 앞에서는 선후배도 위아래도 없다. 무조건 후보자들은 당선이라는 골대를 향해 돌진해야 한다.

선거 운동에 있어서 AI 활용은 예전 선거판에 SNS가 도입됐을 때를 떠올리게 한다. 그러나 SNS와 AI는 너무나 확연한 결과치를 보이고 있다. SNS를 선거판에 도입했을 당시만 해도 그 자체만으로도 굉장한 사건이고 모험이었다.

지금은 아나로그 시대를 넘어 디지털 시대를 거쳐 AI 시대가 도래했다. 선거에서도 AI는 예외가 될 수 없다. 기존 SNS를 선거에 도입했을 때 만해도 선택이 아닌 필수라는 말을 했고, 동일한 조건 하에서는 선거의 당락을 결정짓는 중요 요소가 된다고도 했다.

이제 AI는 SNS 시대와는 근본적으로 차원이 다른 기술력과 파급력을 갖추고 있다. 너무나 다양한 프로그램들이 그 활용 가치를 이미 인정받았으며, 특히 전략 수립이나 선거홍보물과 관련해서는 AI의 활용을 서둘러야 할 때다.

4월 10일이 코앞에 다가와 있다. 머뭇거릴 시간조차 없다. AI의 활용 분야가 너무나 다양하기 때문에 선택지도 다양하지만 아직 너무나 많은 사람들이 AI의 활용 방법과 가치에 대한 전문기술이 부족한 실정이다.

이에 AI선거전략연구소에서는 이 책을 편찬하면서 이번 선거에서 AI가 '총성 없는 전쟁'에서 승리를 가져다 줄 결정적인 성능 좋은 '핵무기'가 되어줄 것이라 확신한다. 그 기본이 챗GPT의 활용이다.

자, AI를 이제 선거 운동에도 적극적, 전략적으로 활용할 때이며, 당선에 정점을 찍는데 큰 도움 받기를 기원한다.

2

대중을 움직이는 말,
챗GPT를 이용한
맞춤형 연설문 작성 방법

배 미 주

제2장
대중을 움직이는 말, 챗GPT를
이용한 맞춤형 연설문 작성 방법

Prologue

'대중은 듣고 싶은 말을 듣는다.'

이 말은 정치, 사회, 문화 등 다양한 분야에서 설득을 위한 중요한 원칙이다. 설득하고자 하는 대상의 이해관계와 요구를 파악해 그들의 마음을 움직일 수 있는 메시지를 전달하는 것이 중요하다.

그런데 이러한 설득의 원칙을 적용하기 위해서는 대중의 요구와 관심사를 정확하게 파악하고 그에 맞는 메시지를 효과적으로 전달할 수 있어야 한다. 이는 결코 쉬운 일이 아니다. 특히 대중의 요구는 시시각각 변화하고 있으며 설득의 대상이 되는 대중의 규모가 커질수록 설득의 난이도는 더욱 높아진다.

이러한 어려움을 해결하기 위해 최근에는 인공지능(AI)을 활용한 연설문 작성 방법이 주목받고 있다. AI는 방대한 양의 데이터를 분석해 대중의 요구와 관심사를 빠르고 정확하게 파악할 수 있다. 또한 AI는 다양한 언어의 문장을 생성할 수 있기에 설득의 대상이 되는 대중의 이해관계와 요구에 맞는 맞춤형 연설문을 작성할 수 있다.

본서는 챗GPT와 같은 AI 도구를 활용해 대중을 움직이는 맞춤형 연설문을 작성하는 방법을 소개한다. 이 책을 통해 독자들은 다음과 같은 내용을 배울 수 있다.

- 대중의 요구와 관심사를 파악하는 방법
- 챗GPT를 활용해 맞춤형 연설문을 작성하는 방법
- 설득의 효과를 높이는 연설문 작성 노하우

본문은 정치인, 기업인, 공무원, 학생 등 다양한 분야에서 설득을 위한 연설문을 작성해야 하는 사람들에게 유용한 지침서가 될 것이다.

1. 연설문의 이해와 챗GPT의 활용

1) 연설문이란

'연설문'은 청중 앞에서 특정 목적을 달성하기 위해 전달되는 메시지를 담은 글이다. 이를 통해 생각이나 감정, 아이디어를 명확하게 전달하고 듣는 이들과 공감대를 형성해 사람들의 마음을 움직이는 강력한 수단이다. 연설문은 청중을 설득하고 감동시키는 중요한 역할을 한다.

2) 연설문의 중요성

연설문은 현대 사회에서 여전히 강력한 영향력을 지닌다. 역사적으로 마틴 루터 킹의 '나에게는 꿈이 있습니다'라는 연설과 존 F. 케네디의 '당신은 국가를 위해 무엇을 할 수 있는가'라는 연설은 각각 인종차별과 우주 개발이라는 중요한 문제를 해결하는 데 기여했다. 이들은 단순히 말을 넘어서 사회적·정치적 변화를 이끄는 강력한 도구로 작용했다.

오늘날에도 연설문은 사회적·정치적 변화를 이끌고 사람들의 의식을 변화시키는 데 중요한 역할을 한다.

연설문은 다음과 같은 이유로 중요하다.

- 디지털 시대에 맞춰 연설문은 빠르고 광범위하게 퍼져나갈 수 있다.
- 연설문은 사회적, 정치적 이슈에 대한 대중의 의식을 높이고 변화를 촉구하는 데 기여한다.

- 글로벌 이슈에 대한 공감대 형성과 해결 방안 모색에 중요한 역할을 한다.
- 젊은 세대에게 역사적 교훈을 전달하고 영감을 주며, 문화적 다양성과 포용성을 증진시킨다.
- 연설문은 개인과 사회의 발전을 위해 중요한 역할을 수행한다.

위와 같이 연설문은 중요한 사회적 문제들을 공론화하여 사람들의 관심을 불러일으키고 다양한 의견을 나누며 문제의 원인과 해결책을 찾는 데 도움을 준다.

[그림1] 챗gpt 달리

3) 챗GPT의 활용 방법

기술의 발전은 인간 노동을 보조하거나 대체하는 형태로 다양한 분야에 영향을 미치고 있다. 이러한 맥락에서, 챗GPT와 같은 인공지능 도구는 연설문 작성가들에게 연설문 작성의 어려움을 해결하는데 유용한 도움을 제공할 수 있다.

챗GPT는 방대한 양의 텍스트 데이터를 학습해 다양한 스타일과 톤의 언어를 생성할 수 있다. 또한 연설문의 초안을 작성하거나 문법 검사, 어휘 대체, 문체 조정 등의 편집 작업을 보조할 수 있다.

빙챗, 바드, 챗GPT는 모두 인공지능 챗봇으로 연설문 작성에 활용될 수 있다. 이들 챗봇은 각각의 특징과 장단점이 있으며 사용자의 요구에 따라 선택할 수 있다.

연설문 작성을 위해서는 먼저 주제를 정하고, 이에 대한 구체적인 프롬프트를 질문 형태로 만든다. 그 후, 챗봇에 입력하여 얻은 답변을 기반으로 하여, 필요에 따라 추가하거나 수정하여 연설문을 완성한다.

챗봇의 답변은 출처 명시와 링크 제공을 통해 연설문 작성에 중요한 정보를 제공하므로 이를 활용해 정확하고 전문적인 연설문을 작성할 수 있다.

'빙챗'은 다양한 분야에서 활용 가능하며, 출처 명시와 정보 링크를 통해 정확하고 전문적인 답변을 제공하여 유용하게 활용될 수 있다.

4) 챗GPT vs 바드(Bard) vs 빙챗(Bing Chat) 비교

[그림2] https://www.cnet.com

빙챗(Bing Chat), 챗GPT, 바드(Bard)는 모두 인공지능 기반의 대화형 서비스다. 각각의 특징과 차이점은 다음과 같다.

(1) 빙챗(Bing Chat)

'빙챗'은 마이크로소프트에서 개발한 GPT-4 기반의 다양한 언어를 지원하는 대화형 AI 챗봇으로, 특히 뉴스, 과학, 기술 주제에 강점을 가지며 정확한 답변을 제공한다. 이 챗봇은 그림 그리기, 시 작성, 코드 작성 등 창의적인 콘텐츠 생성도 가능하다. 빙챗은 사용자 질문을 이해하고 관련성 있는 답변을 제공하는 데 중점을 둔다. 또한 교육, 의료, 고객 서비스, 마케팅 등 다양한 분야에서 사용되며 사용자 경험을 향상시킬 잠재력을 갖고 있다.

(2) 챗GPT

'챗GPT-4 터보'는 오픈AI의 대규모 언어 모델 기반 대화형 챗봇으로, 월 20달러의 구독 요금제를 가지며 GPT-4보다 성능이 향상된 후속 모델이다. 이 모델은 책 300페이지 분량의 정보를 처리할 수 있어 복잡한 작업 수행 및 정확한 결과 생성이 가능하다. 사용료는 입력 및 출력 토큰당 각각 0.01달러, 0.03달러로 인하되었으며, 텍스트, 이미지, 음성 변환과 자바스크립트 지원, 함수 호출 기능 향상 등의 다양한 기능을 제공한다.

(3) 바드(Bard)

'바드'는 구글에서 개발한 5,400억 개의 매개변수를 가진 LaMDA 기반의 대화형 생성형 인공지능 챗봇으로, 사실적인 주제와 창의적인 주제 모두에 강점을 가진다. 이 챗봇은 영어, 한국어, 프랑스어 등 26개 언어를 지원하며, 시, 코드, 대본, 음악 작품과 같은 다양한 창의적인 콘텐츠를 생성할 수 있다. 또한 일정 예약, 음식 주문, 택시 호출과 같은 작업 수행이 가능하며, 교육, 의료, 고객 서비스, 마케팅 등 다양한 분야에서 활용될 잠재력을 갖고 있다.

5) 빙챗(Bing Chat), 챗GPT, 바드(Bard) 활용 프롬프트

(1) 빙챗(Bing Chat) 활용 프롬프트

① 주제 탐색

최근 환경 변화에 관한 관심이 증가하고 있습니다. 관련된 최신 연구나 사건에 대한 정보를 제공해 주고 환경 관련 연설문 주제 (5개) 추천해 주세요.

② 통계와 데이터 요청

연설문 강화를 위한 기후 변화와 관련된 최신 통계와 데이터를 (표)로 작성해 주세요.

③ 사례 조사

환경 보호에 성공한 국가나 도시의 사례를 구체적인 예시를 포함 (표)형식으로 생성해 주세요.

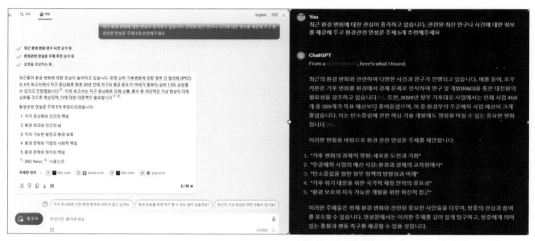

[그림3] 주제 탐색에 대한 빙챗과 챗GPT 결과 비교

(2) 챗GPT 활용 프롬프트

① 연설문 초안 작성

(기후 변화에 대한 중요성)을 강조하는 (3분 분량)의 연설문 초안을 작성해 주세요. 청중은 일반 대중이며, (쉽게 서술식)으로 (행동을 촉구)하는 메시지를 포함해야 합니다. 모든 결과물은 (한글)로 (생성)해 주세요.

② 메시지 수정

다음과 같은 주제로 작성된 연설문의 메시지를 더욱 강력하고 설득력 있게 수정해 주세요. '지속 가능한 미래를 위한 우리의 역할'

③ 언어와 스타일 조정

청중이 청소년일 때의 언어 스타일과 톤을 고려해 연설문을 수정해 주세요.

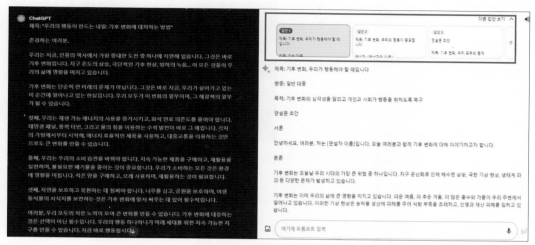

[그림4] 연설문 초안 작성에 대한 챗GPT와 바드 결과 비교

(3) 바드(Bard) 활용 프롬프트

① 최신 정보 추가

연설문에 반영할 기후 변화와 관련된 최신 국제회의나 결정에 대한 정보를 알려주세요.

② 인용구 제안

연설문의 서론과 결론에 사용환경 보호에 대한 영향력 있는 인물의 인용구를 2개 제공해 주세요.

③ 연설문의 현실성 강화

기후 변화의 실제 영향에 대한 사례를 바탕으로, 공감할 수 있는 내용으로 현실성 있게 작성해 주세요.

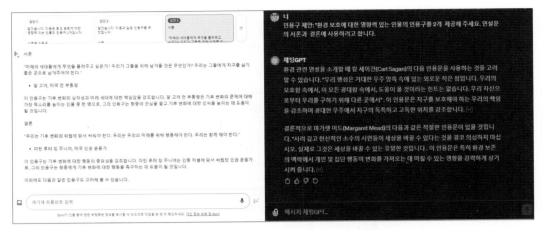

[그림5] 인용구 제안에 대한 바드와 챗GPT 결과 비교

빙챗은 사실적인 주제와 질문에 대해 웹 검색 결과를 요약하여 간결하고 정확한 답변을 제공한다. 챗GPT는 다양한 주제에 대한 질문에 강점을 가지며, 자신의 지식을 재구성하여 답변을 제공하지만 때때로 장황하거나 오류가 있을 수 있다. 바드는 사실적인 주제뿐만 아니라 창의적인 주제에 대해서도 답변을 제공하는 데 강점을 가진다. 이러한 각기 다른 특성은 사용자가 상황에 맞는 챗봇을 선택하는 데 도움이 될 수 있다.

(4) 구조화를 위한 프롬프트

① 역할을 부여한다. 예) 연설문 작성가, 홍보전문가, 카피라이터, 분석가, 마케터 등
② 주제: 주제는 구체적으로 작성할수록 좋으며 주제에 관한 질문이나 요청의 세부 사항을 포함한다.
③ 옵션: 문장의 감정적 분위기(톤)와 전반적인 문체를 정하는 것을 의미한다; 톤에는 공감, 유머, 친근함, 따뜻함 등이 있고, 문체에는 설득적, 서술적, 대화적 등이 있다.
④ 분량: '0분, 00글자' 식으로 표현한다.
⑤ 형식: 응답의 형식을 지정한다. 텍스트, 리스트, 트리, 표, HTML, 코드 등이 있다. 예) '표로 만들어 주세요', 또는 PDF 파일로 작성해 주세요'라고 하면 된다.

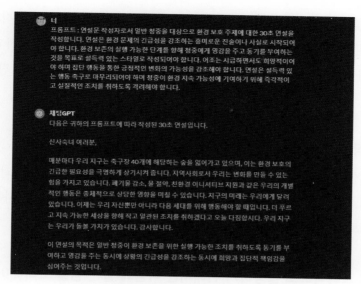

[그림6] 구조화된 프롬프트로 작성된 연설문 예시

▶ 챗GPT를 연설문 작성에 활용하는 방법은 크게 네 가지로 나눌 수 있다.

첫째, 초안의 작성

챗GPT는 특정 주제에 대한 아이디어를 바탕으로 연설문의 초안을 제시할 수 있으며, 이는 구조, 논리성, 감정적 호소력 측면에서 검토 및 개선이 필요하지만, 시간과 노력을 절약하는 출발점으로서의 가치가 크다.

둘째, 구조화된 프롬프트

잘 구성된 프롬프트는 효과적인 연설로 이어지므로, 소개, 주요 요점, 결론 등의 특정 구조를 프롬프트에 포함시켜라. 예를 들어 '매력적인 소개, 팀워크에 대한 세 가지 핵심 포인트, 협업에 동기를 부여하는 강력한 결론을 포함해 영감을 주는 연설을 작성하세요'와 같이 프롬프트를 구조화하면 된다.

셋째, 스타일과 톤의 제시

챗GPT는 연설문 작성자에게 다양한 스타일과 톤을 제안하여 연설문을 발전시키는 데 도움을 준다. 예를 들어, '희망' 주제에 대한 관련 언어적 표현을 추출해 역사적 인물의 연설, 문학 작품, 최근 뉴스 기사 등에서 제공한다. 이는 연설문을 진지하게 작성하거나 친근하게 작성하는 데 유용하며, 다양한 언어 자원을 활용하여 깊이 있는 메시지를 전달할 수 있게 한다.

넷째, 편집 작업의 보조

챗GPT는 연설문 작성을 보조하기 위해 문법 검사, 어휘 대체, 문체 조정과 같은 편집 작업을 제안하며, 특정 청중에 맞춤화된 조언도 제공할 수 있다. 이를 통해 사용자는 경험과 지식을 기반으로 공감을 불러일으키는 연설문을 작성할 수 있다.

▶ 챗GPT를 효과적으로 활용하기 위해서는 다음과 같은 점을 고려해야 한다.

첫째, 명확한 의사소통

챗GPT를 효과적으로 활용하기 위해서는 연설문 작성자가 연설의 스타일, 톤, 메시지를 명확히 전달하고 연설의 목적, 청중 특성, 연설자의 신념과 가치관을 고려한 가이드라인을 설정한다.

둘째, 비판적 검토

챗GPT는 방대한 양의 데이터를 기반으로 언어를 생성하지만 완벽하지 않기 때문에, 챗GPT를 활용할 때 연설문 작성자는 제시된 내용을 비판적으로 검토하고 수정 및 보완해야 하며, 논리, 사실, 문법적 오류를 꼼꼼하게 확인해야 한다.

셋째, 진정성과 개인적 특색의 유지

챗GPT는 연설문 작성을 효율적으로 도와주지만 진정성과 개인적 특색은 작성자에게 달려있다. 연설문 작성자는 자신의 경험과 감정을 바탕으로 연설문을 작성해야 하며, 챗GPT를 효과적으로 활용하기 위해서는 전문성과 경험이 필요하다. 명확한 의사소통, 비판적 검토, 진정성과 개인적 특색의 유지는 챗GPT와의 협업을 통해 완성도 높은 연설문을 작성하는 데 중요하다.

2. 연설문 작성의 기초, 구조와 스타일 이해하기

연설문을 잘 쓰려면 구조와 스타일을 이해하는 것이 중요하다. 모든 위대한 연설은 다음과 같은 기본 요소로 구성된다.

1) 효과적인 연설문의 핵심 요소

효과적인 연설문은 다음과 같은 요소를 갖추고 있다.

[그림기] 정치인 연설 모습, 챗gpt 달리

(1) 강력한 시작

청중의 관심을 끌고 연설에 대한 기대감을 높인다. 질문을 던지거나, 흥미로운 이야기를 들려주거나, 강렬한 이미지를 제시하는 등의 방법을 사용할 수 있다.

예를 들어 '우리나라의 청년 문제는 무엇일까요?'라고 질문하거나, '어느 날, 한 청년이…'라는 이야기를 들려주거나, '미래의 대한민국은 어떠해야 할까요?'라는 이미지를 제시할 수 있다.

(2) 구조적 명료성

청중이 메시지를 쉽게 이해하고 따라갈 수 있게 한다. 연설의 시작은 연설의 주제를 소개하고 중간에는 연설의 핵심 내용을 전달하며 끝에서는 연설의 결론을 내린다.

(3) 감정적 호소

청중과 진정으로 공감하고 청중의 마음을 움직이기 위해서는 감정적 호소가 필요하다. 예를 들어 다음과 같은 방법을 사용할 수 있다.

- 청중의 공감대를 형성할 수 있는 이야기나 사례를 제시하기
- 청중의 감정에 호소하는 언어를 사용하기

(4) 명확한 목적과 메시지

연설의 핵심을 전달하기 위해서는 명확한 목적과 메시지가 필요하다. 연설을 통해 청중에게 전달하고자 하는 메시지가 무엇인지를 명확히 정하고 이를 연설의 전반에 걸쳐 일관되게 전달해야 한다.

(5) 강렬한 결론

연설의 주요 메시지를 강조하고 청중에게 지속적인 인상을 남기기 위해서는 강렬한 결말이 필요하다. 예를 들어 다음과 같은 방법을 사용할 수 있다.

- 연설의 핵심 메시지를 다시 한번 강조하기
- 청중에게 행동을 촉구하기

2) 목표 청중 분석

효과적인 연설문 작성은 목표 청중의 특성을 고려하고 맞춤화하여 내용과 언어, 톤, 스타일을 조정하는 것으로 시작된다.

(1) 청중의 특성 이해

청중의 연령, 성별, 학력, 문화 배경 등을 고려한다. 예를 들어 청중의 연령이 어린 경우 더 간단하고 이해하기 쉬운 언어를 사용하는 것이 좋다.

(2) 맞춤형 접근 방식

청중이 관심 있는 주제를 다뤄 청중의 관심을 끌 수 있다. 예를 들어 청중이 환경에 관심이 있는 경우 환경 관련 문제를 연설의 주제로 다룰 수 있다.

(3) 적절한 언어 사용

청중의 특성에 따라 언어와 톤을 조절해 효과적인 소통을 한다. 예를 들어 청중이 전문가인 경우, 전문적인 용어를 사용해 청중의 이해를 돕는다.

3) 메시지의 명확성과 강조

연설문의 메시지는 간결하고 명확하게 전달되어야 하며, 핵심 메시지를 반복하고 강조하여 청중에게 인상을 남겨야 한다.

(1) 핵심 메시지 정의

연설의 주제를 명확히 하고 핵심 메시지를 간략하게 정리하여 청중이 쉽게 이해하고 기억할 수 있도록 반복적으로 전달되어야 한다.

예를 들어 '환경 보호의 중요성'을 주제로 한 연설의 경우, 핵심 메시지는 '환경을 보호해야 하는 이유' 또는 '환경 보호를 위한 행동'과 같은 것이 될 수 있다.

(2) 메시지 반복과 강조

핵심 메시지를 효과적으로 전달하기 위해서는 연설의 시작, 중간, 끝에서 메시지를 반복하고 강조하는 것이 중요하다. 연설의 각 부분에서는 핵심 메시지를 뒷받침하는 구체적인 사례나 데이터를 제시해야 설득력을 높일 수 있다.

예를 들어, '환경 보호의 중요성'을 주제로 한 연설에서 시작 부분에 "오늘 저는 환경 보호의 중요성에 대해 말씀드리고자 합니다"로 시작한다. 중간 부분에서는 "환경 오염은 우리의 건강과 삶의 질을 위협하므로 환경 보호를 위해 노력해야 합니다"로 강조한다. 결론에서는 "환경 보호는 우리 모두의 책임이니, 함께 노력해 깨끗한 환경을 만들어 갑시다"로 마무리한다.

(3) 사례와 데이터 활용

핵심 메시지를 강화하기 위해 실제 사례와 통계 데이터를 사용하는 것이 효과적이다. 예를 들어 '환경 보호의 중요성' 연설에서는 "지난 10년 동안 지구의 기온이 평균 1도 상승했다"는 실제 사례를 제시할 수 있다.

또한 "IPCC에 따르면 인간 활동으로 인한 온실가스 배출량이 수십 년 동안 크게 증가했다"는 데이터를 활용해 설득력을 높일 수 있다. 연설문의 메시지는 명확하고 간결하게 전달되어야 하며, 반복과 강조를 활용하여 청중에게 효과적으로 전달되어야 한다.

3. 연설문 구조 및 스타일

1) 연설문 구조
(1) 서론

연설의 첫인상은 중요하며, 효과적인 서론 작성을 위해 강력한 훅과 명확한 목적 제시가 필요하다. 질문, 사실, 이야기, 선언 등을 사용하여 청중의 호기심을 자극하고 목적을 분명하게 전달해야 한다.

(2) 본론

연설의 본론은 핵심 메시지를 명확하게 제시하고 논리적으로 전개해야 하며, 내용은 유기적으로 연결되고 이해하기 쉽게 설명되어야 한다. 적절한 언어와 예시를 활용하여 청중에게 명확하고 설득력 있는 메시지를 전달해야 한다.

(3) 결론

결론은 연설을 강력하게 마무리하고 핵심 메시지를 강조하는 중요한 부분이다. 핵심 메시지를 강조하고 청중에게 구체적인 행동을 촉구함으로써 연설의 목적을 달성할 수 있으며, 청중은 연설의 내용을 명확히 이해하고 필요한 조치를 취할 수 있게 된다.

2) 스타일의 중요성

연설의 스타일은 청중과의 연결을 강화하고 메시지를 전달하는 데 핵심적이며, 언어와 어조는 청중의 공감을 유도하기 위해 조절되어야 한다. 논리적이고 자연스러운 구조는 메시지의 효과적 전달을 돕고, 감정적 호소는 청중의 관심을 끄는 데 도움이 된다. 오바마 대통령의 샌디훅 총기 사건 연설은 이러한 스타일적 요소들을 효과적으로 활용하여 청중의 공감과 관심을 얻었다.

[그림8] https://www.youtube.com/watch?v=mlA0W69U2_Y

2012년 샌디훅 초등학교 총기 사건 후, 버락 오바마 대통령은 국가적 슬픔에 대응하여 감정적 호소와 논리적 설득이 조화된 연설을 했다. 서론에서는 "우리가 이 세상을 어떻게 바꿀 것인가?"라는 질문으로 청중의 관심을 끌고 연설의 목적을 명확히 했다.

본론에서는 희생자들의 이름을 호명하며 사건의 심각성을 강조하고, 총기 규제 필요성을 논리적으로 설명했다. 결론에서는 "우리는 더 잘할 수 있으며, 해야만 한다"는 메시지로 청중에게 행동을 촉구했다. 이 연설은 감정과 논리가 조화롭게 어우러져 큰 울림을 주었다.

오바마 대통령의 연설은 감정적 반응과 정책 변화에 대한 촉구를 효과적으로 전달하는 사례로, 그의 연설은 이러한 요소들을 잘 드러내고 있다.

(1) 언어와 어조

오바마 대통령은 비극의 심각성과 국민적 애도의 중요성을 전달하기 위해 평온하고 진심 어린 어조를 사용했으며, 기술적이거나 과학적인 언어 대신 일반 대중이 공감할 수 있는 간단하고 진솔한 언어를 선택했다.

(2) 리듬과 속도

오바마 대통령의 연설은 청중의 감정에 깊이 호소하기 위해 신중하게 조절된 리듬과 속도를 사용했으며, 특히 각 희생자의 이름을 읽는 부분과 국가적 대응을 촉구하는 부분에서 리듬과 속도의 변화를 통해 강한 감정적 영향을 끼쳤다.

(3) 구조

오바마 대통령의 연설은 잘 조직된 구조로, 서론에서 국가적 슬픔을 인정하고, 본론에서 사건의 영향을 구체적으로 언급한 후, 결론에서 행동 촉구의 메시지로 마무리된다.

(4) 감정적 호소

오바마 대통령은 비탄의 감정을 진정성 있게 표현하며 눈물을 보이는 등, 자신의 감정을 숨기지 않음으로써 국민의 공감을 이끌어냈다.

(5) 강렬한 결말

오바마 대통령은 "우리는 더 잘 할 수 있으며, 해야만 합니다"라는 강력한 메시지로 연설을 마무리하며 청중에게 행동을 촉구했다. 이 사례는 감정적 호소와 논리적 설득을 균형있게 사용하여 청중의 마음에 깊이 남는 메시지를 전달하는 방법을 보여준다. 연설문 작성가는 이러한 전략을 사용하여 청중에게 영향력 있는 연설을 할 수 있다.

1) 챗GPT를 사용해 다양한 주제 탐색

　연설문 작성 시 챗GPT와 같은 AI 도구를 활용하면 다양한 분야에 대한 통찰력과 정보를 얻고 새로운 아이디어와 주제를 탐색하는 데 도움을 받을 수 있다. 예를 들어 환경 문제에 관한 연설 준비 시 AI는 지속 가능한 개발, 기후 변화의 영향, 혁신적 기술 솔루션 등에 대한 정보를 제공하며, 이를 통해 연설문 작성가는 보다 풍부하고 설득력 있는 내용을 개발할 수 있다.

　또한, 챗GPT를 사용하여 주제에 대한 깊은 이해를 바탕으로 청중에게 새로운 관점을 제시하고 생각을 자극하고 행동을 유도하는 연설문을 작성할 수 있다.

▶ 연설문 주제 선정에 AI를 활용하는 방법은 다음과 같다.

- 챗GPT를 사용해 다양한 주제에 대한 정보를 탐색한다.
- 관심 있는 주제를 선정한다.
- 선정한 주제에 대한 심층적인 조사를 수행한다.
- 조사 결과를 바탕으로 연설문을 작성한다.

▶ AI를 활용한 연설문 주제 선정은 기존의 방식에 비해 다음과 같은 장점이 있다.

- 다양한 분야의 정보를 빠르고 쉽게 탐색할 수 있다.
- 주제에 대한 새로운 시각을 얻을 수 있다.
- 연설문의 완성도를 높일 수 있다.

2) 현재 이슈, 역사적 사건, 또는 특정 키워드를 기반으로 한 주제 제안

　ChatGPT와 같은 AI 도구는 현재 뉴스, 역사적 사건, 특정 키워드를 분석하여 연설 주제를 추천하고 연설문 작성자가 사회적, 정치적 맥락에 공감하고 청중의 관심을 끄는 주제를 선택하도록 돕는다. AI는 광범위한 데이터에서 얻은 통찰력, 통계, 예시를 제공함으로써 현재 동향과 문제를 반영하는 주제를 선택하는 데 큰 도움을 준다.

(1) AI 도구의 한계

AI 도구는 연설문 주제 제안에 있어 방대한 데이터 분석을 제공하지만 인간의 창의성과 통찰력을 완전히 대체할 수 없으며, 최종 주제 선정은 작성자의 전문성과 경험에 의존해야 한다.

(2) AI 도구의 윤리적 고려 사항

AI 도구 사용 시 편견이나 차별을 조장하지 않도록 윤리적 고려 사항을 염두에 두어야 하며, 특정 집단에 대한 부정적인 편견이 반영된 데이터 사용은 바람직하지 않다.

3) 청중의 감정을 자극하는 스토리텔링 효과

스토리텔링은 연설문에서 청중의 관심을 끌고 메시지를 효과적으로 전달하는 강력한 방법으로, 챗GPT는 이에 적합한 스토리와 예시를 제공할 수 있다. 예를 들어 인권에 관한 연설에서는 과거의 인권 투쟁 이야기나 현재의 인권 침해 사례를 활용하여 메시지에 깊이를 더한다.

▶ **스토리텔링을 효과적으로 활용하기 위해서는 다음과 같은 요건을 고려해야 한다.**

- 스토리텔링은 연설의 주제와 밀접한 관련성을 가져야 하며, 이를 통해 청중의 관심을 끌고 메시지를 효과적으로 전달할 수 있다.
- 스토리는 청중의 경험과 감정에 호소하여 그들의 공감과 이해를 얻을 수 있는 내용이어야 한다.
- 스토리는 연설의 구조 내에서 적절히 배치되어야 하며, 이를 통해 청중이 주요 메시지를 쉽게 이해하고 기억할 수 있도록 해야 한다.

▶ **인권 주제에 대한 감정을 자극하는 스토리텔링과 사례**

- 2022년, 세계는 우크라이나의 부차에서 러시아군의 전쟁 범죄를 목격했으며, 이는 파괴된 민간 기반 시설과 대량 무덤 등 민간인의 고통을 담은 참혹한 장면을 포함했다. 이 비극은 전쟁의 끔찍한 결과를 반영하고 국제 인권법의 중요성과 글로벌 책임의 필요성을 강조한다.

- 2020년부터 에티오피아 북부 지역에서 발생한 무력 충돌은 서부 티그레이의 티그라이 인구에 대한 학살과 인종 청소 캠페인을 포함한 잔학 행위를 초래하며 인권 보호의 중요성과 국제적 개입의 필요성을 보여준다.

이 사례는 연설에서 인권 보호와 위기에 대응하는 국제 사회의 역할을 강조하는 데 사용될 수 있으며, 인권 문제에 대한 긴급한 관심과 행동을 요구하는 중요한 예시가 된다.

5. 변화를 위한 청사진: 유권자의 마음을 움직이는 공약 작성 전략

1) 유권자들의 목소리를 경청하라

공약 작성 전에는 설문조사, 인터뷰, 포커스 그룹 등 다양한 방법을 통해 유권자들의 의견을 경청하는 것이 중요하며, 소셜 미디어와 온라인 커뮤니티를 통해서도 유권자들의 목소리를 확인할 수 있다.

▶ 수렴한 의견을 분석해 공약의 내용을 결정할 때에는 다음과 같은 사항을 고려해야 한다.

- 다양한 계층의 의견이 반영됐는지
- 공약의 내용이 구체적이고 실현 가능한지
- 공약의 내용이 신뢰할 수 있는 근거를 기반으로 했는지

2) 유권자들의 공감을 얻을 수 있는 공약을 설정하라

공약 설정 시 유권자들의 현실적인 문제 해결에 초점을 맞추고 이를 위해 구체적이고 실현 가능한 공약을 제시해야 한다.

3) 구체적인 사례와 예시를 활용하라

공약의 내용을 유권자들이 이해하고 공감하기 쉽게 하려면 구체적인 사례와 예시를 활용하는 것이 효과적이다. 예를 들어, '기초연금을 100만 원으로 인상하겠다'는 공약을 '노후 생활 안정과 경제 활성화에 도움이 될 것'이라고 설명하는 것이 유권자의 이해와 공감을 끌어낼 수 있다.

4) 신뢰할 수 있는 근거를 제시한다

공약 작성 시 현실적인 내용을 제시하기 위해 실제 데이터와 조사 결과를 활용하는 것이 중요하며, 예를 들어 '실업률을 낮추겠다'는 공약을 제시할 때는 현재의 실업률과 그 원인을 분석하고 효과적인 정책 방안을 제시해야 유권자들이 공약의 실현 가능성을 믿고 신뢰할 수 있다.

[그림9] 유권자 의견수렴과정 챗gpt 달리

5) 공약의 내용을 시각적으로 표현한다

공약의 내용을 시각적으로 표현하는 것은 유권자들이 공약을 보다 쉽게 이해할 수 있게 하며, 예를 들어 '기초연금을 100만 원으로 인상하겠다'는 공약을 '100만 원의 기초연금을 받는 어르신들의 증가를 보여주는 그래프'로 나타내는 것이 유권자의 공감을 얻는데 효과적이다.

▶ 구체적인 사례와 예시를 활용한 공약 작성 팁

유권자들의 공감을 얻기 위해 구체적인 사례와 예시를 활용하고 유권자들의 목소리를 반영하는 신뢰할 수 있는 공약 작성 방법에 대한 구체적인 사례들이다.

(1) 소득을 증대시키기 위한 공약

- 최저임금을 10만 원으로 인상하고, 임금 인상률을 최소 5%로 유지하겠다.
- 근로 시간 단축을 통해 노동자들의 삶의 질을 향상시키겠다.
- 일자리 창출을 위해 청년 창업 지원, 중소기업 육성 등을 강화하겠다.

(2) 부동산 문제를 해결하기 위한 공약

- 주택 공급을 확대하고, 투기 수요를 억제하기 위한 정책을 시행하겠다.
- 청년, 신혼부부 등을 위한 주거 지원 정책을 강화하겠다.
- 부동산 세제 개편을 통해 부동산 시장의 형평성을 높이겠다.

(3) 교육 문제를 해결하기 위한 공약

- 무상 교육을 확대하고, 교육의 질을 높이기 위한 정책을 시행하겠다.
- 사교육비 부담을 줄이기 위한 정책을 시행하겠다.
- 학생의 꿈과 재능을 키우기 위한 교육 환경을 조성하겠다.

이러한 사례들은 유권자들의 현실적인 문제를 해결하기 위해 구체적인 사례와 예시를 사용하며, 국가의 재정 상황, 정치적 환경, 사회적 여론을 고려하고 공약을 실현하기 위한 구체적인 계획을 마련하는 것이 중요하다.

6. 강력한 정치 연설문을 작성하기 위한 6가지 팁

정치 연설은 후보자의 메시지를 전달하고 유권자들의 마음을 얻는 데 중요한 역할을 한다.

1) 잠재적인 유권자를 내 편으로 끌어들이기

연설 시작 시 잠재적인 유권자들의 관심을 끌고 그들의 공감을 얻기 위해서는 방문하는 지역의 중요한 문제를 인식하고, 이에 관해 이야기하며 청중과의 관계를 구축하는 것이 중요하다.이를 위해 지역사회의 문제를 논의하고 공감할 수 있는 이야기를 들려주며 청중에게 직접적으로 말을 거는 방법을 사용할 수 있다.

힐러리 클린턴은 2016년 대통령 선거에서 버니 샌더스의 지지자들을 끌어들이기 위한 전략을 사용했다.

"그리고 여기와 전국에 있는 모든 샌더스 지지자들에게 제가 여러분의 의견을 들었다는 사실을 알려드리고 싶습니다. 당신의 원인은 우리의 원인입니다. 우리나라에는 여러분의 아이디어, 에너지, 열정이 필요합니다. 이것이 우리의 진보적인 플랫폼을 미국의 진정한 변화로 바꿀 수 있는 유일한 방법입니다. 우리가 함께 썼으니 이제 나가서 함께 만들어 볼까요!"

2) 메시지를 빠르게 전달하기

도널드 트럼프는 2016년 공화당 전당대회에서 연설 전략을 사용했다.

"미국! 미국! 미국! 우리는 함께 우리 당을 백악관으로 복귀시키고 우리나라를 안전, 번영, 평화로 되돌릴 것입니다. 관대함과 따뜻함의 나라가 되겠습니다. 그러나 우리는 또한 법과 질서의 국가가 될 것입니다."

3) 공감, 따뜻함, 권위의 균형 맞추기

정치인은 권위와 자신감을 구축하는 것과 더불어 잠재적인 유권자들과의 공감과 따뜻함을 전달하는 것이 중요하며, 이를 위해 개인적인 이야기를 들려주기, 적절한 유머 사용, 청중과의 눈맞춤 등의 방법을 사용할 수 있다.

프랭클린 델라노 루즈벨트는 1933년 첫 취임 연설에서 중요한 메시지를 전달했다.

"지금이야말로 진실, 온전한 진실을 솔직하고 담대하게 말해야 할 때입니다. 또한 우리는 오늘날 우리나라가 처한 상황에 솔직하게 직면하는 것을 두려워하지도 않습니다. 이 위대한 나라는 지금까지 인내한 것처럼 견디고 부흥하고 번영할 것입니다."

4) 통제력 유지 및 자신감 갖기

버락 오바마는 연설에서 명확하고 자신 있는 언어 사용과 청중과의 상호작용에 주의를 기울여 메시지 전달에 자신감을 표현하는 방법을 사용했다.

"나는 그것을 본 적이 있습니다. 우리가 함께 할 때 무엇을 할 수 있는지 말입니다. 우리는 세상을 바꿀 수 있습니다."

5) 최상의 효과 얻기 위해 반복 사용으로 메시지 강화하기

심리학 연구에 따르면, 메시지의 반복은 인지 처리 및 정보 보유를 향상시켜 청중에게 더 오래 기억되고 강한 인상을 남긴다. 버락 오바마는 2008년 대통령 선거에서 반복적인 메시지를 통해 청중에게 강한 인상과 오래 지속되는 기억을 남기는 전략을 사용했다.

"우리는 함께 미국을 되돌릴 수 있습니다. 우리는 함께 미국을 더 나은 곳으로 만들 수 있습니다. 우리는 함께 새로운 미국을 만들 수 있습니다."

6) 위대한 연설가로부터 영감받기

위대한 역사적 연설들을 연구하고 그 기법을 자신의 연설에 적용하는 것은 효과적인 연설문 작성에 도움이 된다. 역사상의 위대한 정치 연설은 역사를 바꾸고, 세상을 변화시키며, 사람들에게 영감을 주는 특성을 가지고 있다.

7. 연설문 작성에서의 윤리와 책임

1) AI의 윤리적 사용

AI를 활용한 연설문 작성 시 AI가 제공하는 정보의 정확성과 출처를 밝히는 것이 중요하며, AI가 생성한 내용이 지적재산권에 속할 수 있으므로 이에 대한 명확한 이해가 필요하다.

2) 저작권과 지적재산권 이해

연설문 작성 시 저작권과 지적재산권을 존중하는 것은 필수적이며, AI를 통해 제공된 정보, 데이터, 문구 등이 타인의 지적 재산일 수 있으므로 사용 전 저작권 상태를 확인하고 필요한 경우 사용 허가를 받아야 한다. 또한 AI가 생성한 내용 역시 지적재산권에 속할 수 있으므로 이에 대한 명확한 이해가 중요하다.

3) 투명성과 진정성의 유지

연설문 작성 시 투명성과 진정성은 매우 중요하며, AI의 도움을 받았다면 이 사실을 청중에게 밝히는 것이 신뢰를 증진시킬 수 있다. AI와 인간 작성자의 조화는 연설의 진정성을 유지하면서 창의적이고 혁신적인 내용을 만들어내며, 작성자는 AI가 제공한 내용을 자신의 경험과 스타일에 맞게 조정해야 한다.

Epilogue

독자 여러분이 이 책을 통해 연설문 작성의 기본을 이해하고 AI를 활용해 보다 효과적인 연설문을 작성할 수 있는 능력을 기를 수 있기를 바란다. 이 책에서는 연설문의 기초부터 AI의 활용, 그리고 윤리적인 책임에 이르기까지 연설문 작성에 필요한 모든 요소를 상세히 다뤘다.

AI를 활용한 연설문 작성법을 배우고 창의적인 아이디어를 구체화하는 방법에 대해 알게 된 여러분은 이제 연설문의 메시지를 더욱 효과적으로 전달하고, 청중에게 깊은 인상을 남길 수 있을 것이다. 이 책에 제시된 실제 사례와 방법들을 활용해 여러분의 연설문 작성 과정을 더욱 쉽고 효과적으로 만들 수 있기를 바란다.

그리고 여러분의 연설이 청중의 마음을 움직이고 세상에 긍정적인 변화를 가져오는 데 기여할 수 있기를 진심으로 기대한다.

[참고자료]

- https://zapier.com/blog/챗gpt-vs-bing-챗
- https://www.digitbin.com
- https://www.androidauthority.com
- https://www.hrw.org/world-report
- https://www.griproom.com
- https://챗.openai.com
- https://bard.google.com
- https://www.bing.com

3

AI를 활용한
선거 보도자료 작성

김 수 란

제3장
AI를 활용한 선거 보도자료 작성

Prologue

'보도자료의 핵심과 AI의 혁신 : 선거 보도에서의 새로운 길'

AI를 활용한 선거 보도자료 작성에 대해 준비해 보았다. 이번 파트는 보도자료의 기본과 AI를 활용한 선거 보도자료 전략과 방법에 대해 다루고자 한다. 선거에 있어서 선거 보도는 공정한 선거환경조성을 위해, 투명하고 정확한 정보를 제공하는 것이 매우 중요하다.

보도자료의 정의와 선거 보도자료의 중요성에 대해 알아보고, AI 기술을 활용해 선거 보도자료를 작성하는 방법을 소개하고자 한다. 또한 AI를 활용할 때 주의해야 할 사항들에 대해서도 다룰 예정이다.

보도자료와 선거 보도자료의 정의, AI를 활용한 선거 보도자료 작성의 장점과 AI 기술이 선거 보도자료 작성에 어떤 측면에서 도움을 줄 수 있는지, 그 이점을 다루었다. 보도자료는 독자들에게 명확하고 효과적으로 정보를 전달하기 위해 어떤 방식으로 구성해야 하는지에 대해서도 알아보겠다.

이 책이 선거 보도자료 작성과 AI의 활용에 관심 있는 독자들에게 유익한 정보를 제공하고자 한다. 선거 보도의 질과 효율성을 높이기 위해 AI 기술을 활용하는 방법에 대해서도 함께 알아보도록 하겠다.

1. 보도자료와 선거 보도자료

1) 보도자료란?

보도자료란 정부 기관이나 기업 등의 조직에서 조직 관련 뉴스거리의 기사화를 목적으로 이메일, 팩스, 인편 등의 방법을 통해 언론에 공식적으로 자료를 배포하는 것을 말한다. 언론이 공신력 및 영향력 측면에서 매우 중요하기 때문에 일반적으로 언론사 기자들에게 이메일이나 미팅 등을 통해 전달하는데, 대언론 PR에서 매우 중요한 업무 중 하나이다.(출처 : [네이버 지식백과] 보도자료 배포)

2) 선거 보도자료

'선거 보도자료'는 선거에 참여하는 후보자 정당, 선거관리위원회 등이 선거와 관련된 정보를 전달하기 위해 만드는 보도자료를 말한다. 이는 선거의 공정성과 투명성을 유지하는 데 중요한 역할을 하며 선거에 대한 정확한 정보를 제공함으로써 유권자들의 선거 참여를 유도하고, 또한 후보자나 정당의 정책과 입장을 알릴 수 있는 수단이 되기도 하다.

선거 보도자료는 다음과 같은 내용을 포함한다.

(1) 후보자의 소개

후보자의 이력, 정치적 입장, 선거 공약 등을 담은 자료, 주요 정책, 성과, 인터뷰 등

(2) 정당 소개

정당의 이념, 정책 방향, 주요 인사 등에 대한 정보

(3) 선거·캠페인 일정

선거, 캠페인 일정, 투표 방법, 투표소 위치 등 선거에 참여하는 데 필요한 정보

(4) 선거 관련 이슈

선거 관련 뉴스, 이슈

(5) AI 활용 사례

다음은 AI를 활용한 사례들로 '뤼튼'이나 챗GPT를 활용한 방법이다. 뤼튼에 프롬프트를 활용해 선거 보도자료에 대해 질문도 해보고 챗GPT에도 선거 보도자료에 대해 질문도 해보면 확실한 답변을 받을 수 있다.

뤼튼은 사이트(https://wrtn.ai/) 가입 후 로그인 한 후 활용할 수 있다. 챗GPT 또한 OPEN AI 사이트(https://openai.com/)에서 회원가입 및 로그인 후 사용할 수 있다.

[그림1] 뤼튼 가입 및 로그인

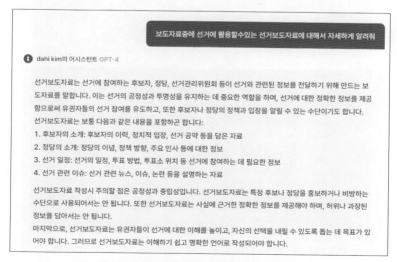

[그림2] 뤼튼에서 질문한 선거 보도자료와 답변

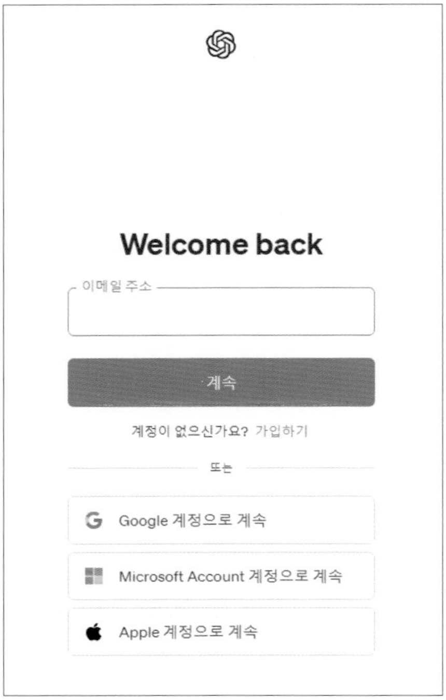

[그림3] OPEN AI 사이트 회원가입 및 로그인

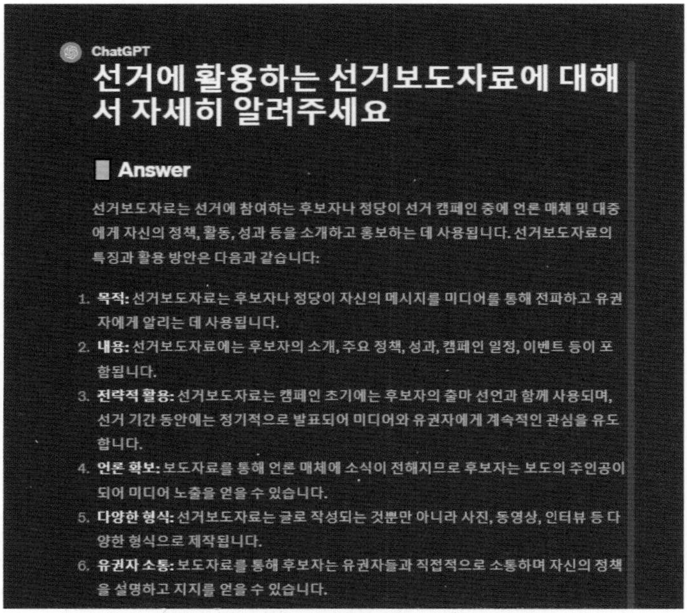

[그림4] OPEN.AI 사이트에서 질문한 선거 보도자료와 답변

2. AI를 활용한 선거 보도자료 작성이 갖는 장점

1) 빠른 속도와 효율성

AI는 대량의 데이터를 신속하게 분석하고 처리할 수 있으며, 자동화된 작업을 수행할 수 있다. 따라서 선거 보도자료 작성에 필요한 정보 수집, 분석, 요약 등의 작업을 더욱 빠르고 효율적으로 수행할 수 있다.

2) 개인화된 콘텐츠 제작

AI는 개인의 특성과 취향을 분석해 맞춤형 콘텐츠를 쉽게 제작할 수 있다. 선거 보도자료를 작성할 때 AI는 각 유권자의 정보를 제공하면 개별적으로 맞춤화된 내용을 제공할 수 있다. 이를 통해 독자들에게 보다 차별화되고 개인화된 선거 보도를 제공할 수 있다.

3) 창의적이고 효과적인 텍스트 작성

AI는 카피라이팅 기법을 활용해 효과적인 텍스트를 작성할 수 있다. 감정 전달, 흥미 유발, 설득력 있는 문장 구성 등의 요소를 고려해 선거 보도자료를 작성하며, 독자들의 관심을 끌고 메시지를 전달할 수 있다.

AI를 활용한 선거 보도자료 작성은 더욱 빠른 작업 속도, 개인화된 차별화 콘텐츠 제작, 창의적인 텍스트 작성 등의 장점을 가지고 있어, 보다 효과적이고 효율적인 선거 보도를 가능하게 한다.

AI 를 활용한 선거보도자료 작성이 가지는 장점

1. 빠른 속도, 효율성
3.개인화및 차별화된 컨텐츠 제작
4.창의적이고 효과적인 보도자료작성

[그림5] AI를 활용한 선거 보도자료 작성이 가지는 장점

3. 보도자료 구성

선거 보도자료는 특정 후보자나 정당의 정책, 이슈, 행사 등에 대한 정보를 공개하는 데 사용되는 문서이다. 이를 효과적으로 작성하기 위해서는 다음과 같은 구성 요소를 고려할 수 있다.

1) 주 제목

가급적이면 20자 이내로 작성하고 제목에서는 보도자료의 가장 핵심적인 내용을 요약해 표현한다. 짧고 간결하게 쓰되, 카피라이팅을 적용해 독자의 주목을 끌 수 있도록 작성한다.

2) 부제목

주 제목을 보완하며, 조금 더 상세한 정보를 제공한다. 부제목은 주 제목을 뒷받침하는 부연 설명이 뒤따른다. 주 제목에서 설명하지 못한 주요 내용을 적는다.

3) 리드(Lead)

보도자료의 첫 문단으로, 가장 중요한 정보를 담는다. '누가, 무엇을, 언제, 어디서, 왜, 어떻게' 6하 원칙을 토대로 요약해 제시하는 것이 독자의 입장에서도 이해하기가 쉽다. 가장 중요하고 흥미로운 내용을 담아 다룹니다. 보통 2~3문장으로 작성한다.

4) 본문(Body)

보도자료의 주 내용을 담는 부분으로, 다음 세 부분으로 구성된다. 일반적으로 문장은 짧고 간결하게 쓰되, 사실적이고 객관적인 글로 써야한다. 문단은 중심 문장과 중심 문장을 뒷받침하는 부연 설명이 뒤따른다.

(1) Body1

주요 내용을 상세히 설명한다. 후보자의 정책, 의견, 행사 등에 대한 자세한 정보를 제공한다.

(2) Body2

보도자료의 본문을 더욱 풍부하게 하는 추가 정보를 제공한다. 관련 통계, 예제, 인용 등을 포함할 수 있다.

(3) Body3

보도자료의 마무리 부분으로, 후보자나 정당의 다음 단계, 향후 일정 등을 알린다.

5) 인용문

후보자나 정당 대표 등의 의견이나 입장을 직접적으로 반영해 보도자료의 신뢰성을 높이는 역할을 한다. 주로 "쌍따옴표"를 통해 싣는다.

6) 첨부 자료

보도자료의 내용을 뒷받침하는 정확한 데이터나 참고 자료, 관련 이미지 등을 첨부한다. 이러한 구성 요소들을 통해 선거 보도자료는 독자에게 후보자나 정당의 주요 정책, 이슈, 행사 등에 대한 깊이 있는 이해를 제공한다.

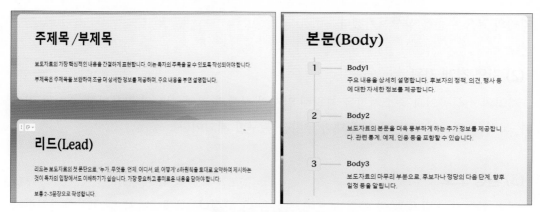

[그림6] 보도자료 구성 요소

선거 보도자료에 쓸 후보자 소개와 후보자 정책, 성과, 캠페인 활동을 예시로 써달라고 챗GPT에 질문하면, 이름만 바꿔 넣으면 될 만큼 상세하게 템플릿을 소개해 준다. 물론 후보자에 맞게 글을 수정하고, 마음에 들 때까지 추가 질문을 하는 것은 사람의 역할이지만, 무에서 유를 창조하는 것보다 훨씬 더 많은 시간 절약을 가져오니, OPEN AI 사이트와 뤼튼 사이트 모두 사용해 보심을 추천한다.

1) 후보자 소개

이번 선거에 참여하는 후보자인 '후보자 이름'은 '지역/국가' 출신으로, '학력 또는 전문 분야'에서 우수한 경력을 갖고 있다. '후보자 이름'은 '이전 공공 또는 사적 경험'을 통해 지역 사회에 기여하고자 하는 강한 의지를 지니고 있다.

2) 후보자 정책

(1) 교육 강화

'후보자 이름'은 교육을 통한 사회 발전을 강조하며, 교육 기회 확대와 교육 지원을 통해 지역의 교육 수준을 향상시키겠다.

(2) 지역 경제 지원

지역의 소상공인과 중소기업을 지원해 일자리 창출과 지역 경제의 활성화를 촉진할 것이다. 특히 '특정산업 또는 분야'에 대한 투자를 촉구할 계획이다.

(3) 환경 보호

지속 가능한 개발을 통해 환경 보호에 진심을 다 하겠다. 재생에너지 증진과 환경친화적 정책을 통해 지구 환경에 대한 책임을 다 하겠다.

3) 후보자 성과

[이전 공로 또는 성과1]
및 부연 설명

[이전 공로 또는 성과2]
및 부연 설명

[이전 공로 또는 성과3]
및 부연 설명

4) 캠페인 활동

'후보자 이름'은 지역을 돌며 다양한 이벤트와 토론회에 참여하고, 시민들과의 소통을 강화하고 있다. 또한 소셜미디어를 통해 정책 제안 및 캠페인 소식을 적극적으로 공유하고 있다. 최근 '캠페인 활동 내용'을 통해 지역 주민들의 지지를 얻고 있다.

이러한 글은 후보자에 대한 포괄적인 소개와 정책 성과 캠페인 활동에 대한 내용을 담고 있다. 작성할 때는 객관적이고 구체적인 정보를 사용해 독자들에게 명확하게 전달되도록 주의해야 한다.

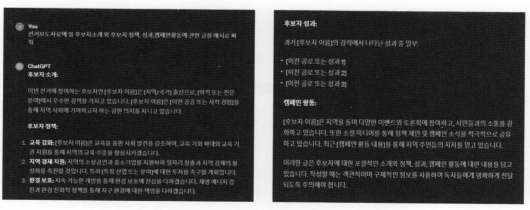

[그림7] 선거 보도자료 AI 활용 보도자료 작성 예시

5. 뤼튼으로 보도자료 작성 실습

1) 뤼튼에 보도자료 요청하기

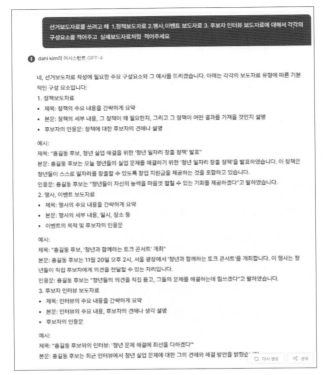

[그림8] 뤼튼 보도자료 요청 예시문

2) 실제 보도자료처럼 상세하게 작성해달라고 요청하기

다음은 뤼튼에 보도자료의 형식을 부여하고 형식에 맞게 실제 보도자료처럼 상세하게 작성해달라고 요청한 예시이다.

(1) 정책 보도자료 예시
- 주제목 : 홍길동 후보, 청년 실업 해결을 위한 '청년 일자리 창출 정책' 발표
- 부제목 : 청년들이 스스로 일자리를 창출할 수 있도록 창업 지원금 제공

- 리드(Lead) : 홍길동 후보는 오늘 청년들의 실업 문제를 해결하기 위한 '청년 일자리 창출 정책'을 발표했다.
- Body1(부연1) : 이 정책은 청년들이 스스로 일자리를 창출할 수 있도록 창업 지원금을 제공하는 것을 포함하고 있다. 이를 통해 청년들이 자신의 아이디어를 실현하고, 자신의 사업을 시작할 수 있다.
- Body2(부연2, 그밖에 1) : 또한 이 정책은 청년들의 창업을 지원하기 위한 멘토링 프로그램과 교육 프로그램을 제공할 예정이다. 이를 통해 청년들이 성공적으로 사업을 운영할 수 있도록 지원하게 된다.
- Body3(그밖에 2) : 이 외에도, 홍길동 후보는 청년들의 일자리 창출을 위해 다양한 지원 정책을 추진할 계획이라고 밝혔다. 이는 청년 실업 문제 해결을 위한 그의 노력의 일환이다.
- 인용 : 홍길동 후보는 "청년들이 자신의 능력을 마음껏 펼칠 수 있는 기회를 제공하겠다"라고 말했다.
- 첨부 자료 : '청년 일자리 창출 정책' 자세한 내용(PDF)

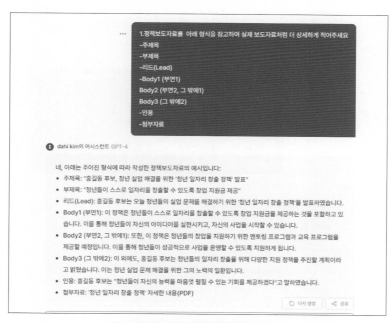

[그림9] 뤼튼, 정책 보도자료 예시

(2) 행사, 이벤트 보도자료 예시

- 주제목 : 홍길동 후보, '청년과 함께하는 토크 콘서트' 개최
- 부제목 : 청년들의 의견을 듣고, 문제 해결에 앞장서겠다는 홍길동 후보의 의지
- 리드(Lead) : 홍길동 후보는 11월 20일 오후 2시, 서울 광장에서 '청년과 함께하는 토크 콘서트'를 개최했다.
- Body1(부연1) : 이 행사는 청년들이 직접 후보자에게 의견을 전달할 수 있는 자리이다. 청년들은 자신들이 직면한 문제와 건의 사항을 직접 홍길동 후보에게 전달할 기회를 갖게 됐다.
- Body2(부연2, 그밖에 1) : 홍길동 후보는 이 행사를 통해 청년들의 의견을 청취하고, 그것을 정책에 반영할 것을 약속했다. 후보는 청년들의 목소리를 중요하게 생각하고, 그들의 의견을 존중하겠다는 의지를 분명히 했다.
- Body3(그밖에 2): 이 행사는 무료로 진행되며, 모든 청년들이 참여할 수 있다. 관심 있는 청년들은 사전 등록 없이 참석할 수 있다.
- 인용 : 홍길동 후보는 "청년들의 의견을 직접 듣고, 그들의 문제를 해결하는데 힘쓰겠다"라고 말했다.
- 첨부 자료: '청년과 함께하는 토크 콘서트' 행사 안내문(PDF)

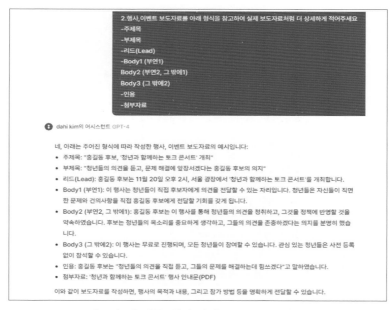

[그림10] 뤼튼, 행사 이벤트 보도자료 예시

(3) 후보자 인터뷰 보도자료 예시

- 주제목 : 이순신 후보, 청년 문제 해결에 앞장서겠다는 결의 다지다.
- 부제목 : 청년실업, 주거 문제를 해결하기 위한 구체적인 방안 제시
- 리드(Lead) : 이순신 후보는 1월 15일, 서울 신문사와의 인터뷰에서 청년실업과 주거 문제 해결을 위한 구체적인 방안을 제시했다.
- Body1(부연1): 이순신 후보는 청년실업 문제를 해결하기 위해, 창업 지원과 직업 교육의 강화를 주요 방향으로 설정했다. 또한 청년들이 직접 참여할 수 있는 정책 토론의 장을 마련하겠다는 계획도 밝혔다.
- Body2(부연2, 그밖에 1) : 또한 이 후보는 청년들의 주거 문제를 해결하기 위해 청년 전용주택을 늘리는 등의 대책을 제안했다. 후보는 이러한 대책을 통해 청년들이 안정적인 생활을 할 수 있도록 돕겠다는 의지를 표현했다.
- Body3(그밖에 2) : 이순신 후보는 이번 인터뷰를 통해 청년들의 문제를 직접 듣고, 그들의 의견을 정책에 반영하겠다는 의지를 분명히 했다. 투표자들에게 이러한 의지를 전달하며, 지지를 호소했다.
- 인용 : 이순신 후보는 "청년들의 문제를 해결하는 것은 우리 사회의 중요한 과제이다. 이를 위해 저는 청년들의 목소리를 듣고, 그들의 의견을 정책에 반영하겠다"라고 말했다.
- 첨부 자료 : 이순신 후보 인터뷰 전문(PDF)

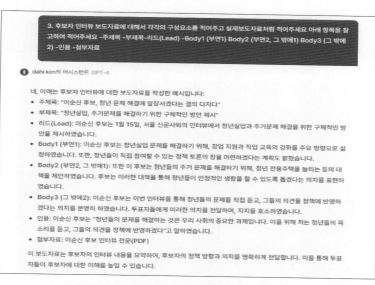

[그림11] 뤼튼, 후보자 인터뷰 보도자료 예시

AI를 활용한 선거 보도자료 작성에 관한 이 파트를 완성하며 AI의 발전이 우리의 삶 속에서 선거뿐만 아니라 다양한 분야에 전략적으로 활용되고 있는 현상을 목격하게 됐다. AI는 업무의 효율성을 극대화하고, 시간적 제약을 줄여주는 강력한 도구가 될 수 있음을 체감한다.

그러나 AI의 활용이라는 새로운 패러다임이 우리에게 가져다주는 변화는 물론 긍정적인 면이 크지만, 그 과정에서 AI의 한계도 있다. AI는 데이터를 기반으로 제공하기에 사실 유무를 정확하게 파악해야 하고, 아직 자연스러운 언어 표현이나 미묘한 감성 표현 등 인간의 세심함을 완벽하게 대체할 수는 없다. 그럼에도 AI는 엄청난 양의 정보를 빠르게 처리하고 그 결과를 효과적으로 전달하는 데에는 뛰어난 장점을 갖고 있다.

AI는 사람의 업무 부담을 줄여주고 많은 양의 정보를 효율적으로 처리하는 데 큰 도움을 줄 수 있다. 그러나 그 과정에서 AI가 생성한 내용이 항상 완벽하다고 믿어서는 안 된다. 사람의 감각과 판단이 여전히 필요하다.

따라서 AI를 활용한 선거 보도자료 작성이라는 새로운 방식을 도입할 때는 이러한 점을 잘 인식하고, AI와 인간 협력을 통해 더 나은 결과를 만들어 낼 수 있도록 노력해야 할 것이다. 이 책이 그러한 시도에 도움이 되길 바라며, AI와 인간이 서로 보완적으로 작용해 더욱 풍요로운 선거 문화를 만들어 가는 데 기여할 수 있기를 기대한다.

4

챗GPT 활용
선거 전략
프롬프트 100선

김 진 수

제4장
챗GPT 활용 선거 전략
프롬프트 100선
- 효율적인 선거 캠페인 전략을 중심으로 -

Prologue

우리는 급변하는 디지털 시대에 살고 있으며 이 변화는 선거 캠페인의 방식에도 혁신적인 영향을 미치고 있다. '챗GPT 활용 선거 전략 프롬프트 100선'은 이 새로운 시대의 선거 캠페인을 위한 혁신적이고 실용적인 가이드를 제공하는 열쇠이다. 이 책은 인공지능 기술, 특히 챗GPT의 가능성을 활용해 선거 캠페인 전략을 혁신적으로 개선하는 방법에 중점을 두고 있다.

"최고의 커뮤니케이션은 간단하고, 직접적이며, 감정을 자극하는 것이다."- 존 코터

효과적인 커뮤니케이션의 핵심 요소를 강조한 이 명언은 선거 캠페인에서의 메시지 전달 방법의 중요성과도 일맥상통한다.

선거 캠페인은 복잡한 과정이다. 후보자의 메시지를 유권자에게 효과적으로 전달하고, 유권자의 참여를 이끌어내며, 다양한 채널을 통해 지지를 확산시키는 것은 어려운 임무이기도 하다. 이 책에서는 이러한 캠페인 과정을 10개의 주요 카테고리로 나누고, 각 카테고리에 대해 10개의 구체적이고 실현가능한 프롬프트를 제공한다. 이 프롬프트들은 선거 캠페인의 다양한 측면을 다루며, 캠페인 팀이 효과적인 전략을 수립하고 실행하는 데 필요한 지침을 제공한다.

본서의 목적은 챗GPT와 같은 AI 기술을 활용해 선거 캠페인의 기획, 실행, 평가 방법을 혁신하는 것이다. AI 기술은 데이터 분석, 유권자 행동 이해, 개인화된 커뮤니케이션 전략 개발 등에서 중요한 역할을 할 수 있다. 이를 통해 후보자와 캠페인 팀은 보다 효과적인 의사결정을 내리고 유권자와의 깊은 연결을 구축할 수 있다.

'챗GPT 활용 선거 전략 프롬프트 100선'은 현대 선거 캠페인을 위한 필수 가이드이다. 이 책을 통해 독자들은 AI 기술을 활용해 캠페인의 성공을 극대화하는 방법과 뜻을 펼치고 유권자와 소통하길 바란다. 또한 바람직한 선거캠프의 운영 등 다양한 영역에서의 활용은 물론 구체적이고 균형 있는 전략 수립과 실행을 도울 수 있는 첫걸음이 되길 바란다.

1. 챗GPT 활용 선거 전략 '프롬프트 100선'

다음은 당선을 위한 선거 전략을 수립하는 데 도움이 될 '100개의 프롬프트 예시'이다. 특히 이 프롬프트들은 선거 캠페인 기획, 유권자 참여 증진, 메시지 전달 방식 개선 등 다양한 측면을 다루고 있다.

- 유권자들의 핵심 관심사를 파악하는 방법은 무엇인가?
- 효과적인 선거 캠페인 메시지를 개발하기 위한 전략은?
- 지역 사회 내 영향력 있는 리더들과 어떻게 관계를 구축할 것인가?
- 소셜 미디어를 활용한 유권자 참여 증진 전략은?
- 선거 캠페인 기간 동안 자원봉사자들을 관리하고 동기를 부여하는 방법은?
- 선거 캠페인 기금 모금 전략은 어떻게 수립할 것인가?
- 유권자들과의 신뢰를 구축하기 위한 방법은 무엇인가?
- 유권자들에게 영향력 있는 토론회 및 공개 행사를 어떻게 기획할 것인가?
- 경쟁 후보의 약점과 강점을 분석하는 방법은?
- 유권자들과 직접 만나는 대면 활동의 중요성은 무엇인가?

- 후보자의 개인적 이야기와 경험을 어떻게 효과적으로 활용할 것인가?

- 선거 캠페인 동안 일관된 메시지를 유지하는 전략은?
- 유권자의 피드백을 수집하고 반영하는 방법은?
- 선거 캠페인 동안 발생할 수 있는 위기를 어떻게 관리할 것인가?
- 선거구 내 다양한 문화와 커뮤니티에 어떻게 접근할 것인가?
- 효과적인 선거 광고 및 홍보 전략은 무엇인가?
- 유권자들의 참여를 유도하기 위한 인센티브 전략은?
- 디지털 캠페인과 전통적 캠페인 방식의 균형은 어떻게 맞출 것인가?
- 선거 캠페인 기간 동안 언론과의 관계를 어떻게 관리할 것인가?
- 유권자 참여를 높이기 위한 이벤트 및 캠페인 활동 아이디어는?

- 선거 캠페인 자료의 효과적인 배포 방법은?
- 후보자의 공약 개발을 위한 주요 고려 사항은 무엇인가?
- 유권자들과의 지속적인 커뮤니케이션을 위한 전략은?
- 선거 캠페인 팀 내에서의 역할 분배와 협력은 어떻게 이루어질 것인가?
- 유권자들에게 후보자의 가치와 비전을 어떻게 전달할 것인가?
- 후보자의 성공적인 공개 연설 전략은 무엇인가?
- 유권자 데이터를 분석하고 활용하는 방법은?
- 선거 캠페인의 성과를 평가하고 개선하기 위한 방법은?
- 선거 캠페인 기간 동안의 건강 관리 및 스트레스 관리 전략은?
- 선거 캠페인이 끝난 후 유권자들과의 관계를 어떻게 유지할 것인가?

- 유권자의 관심사와 연결된 공약을 어떻게 개발할 것인가?
- 선거 캠페인에서 환경 문제를 어떻게 다룰 것인가?
- 젊은 유권자들을 위한 특별한 캠페인 전략은?
- 선거 캠페인의 이미지와 브랜딩 전략을 어떻게 구축할 것인가?
- 후보자의 개인적인 성장 이야기를 어떻게 캠페인 메시지에 통합할 것인가?
- 온라인 포럼과 웹 세미나를 활용한 유권자 참여 전략은?
- 유권자들과의 직접 소통을 위한 현장 방문 계획은?
- 선거 캠페인에서 문화 예술을 어떻게 활용할 것인가?

- 유권자들과의 관계를 강화하기 위한 이야기 전달 방식은?
- 캠페인 자원을 지역 사회에 어떻게 환원할 것인가?

- 유권자의 건강과 복지를 위한 공약 아이디어는?
- 선거 캠페인 중 부정적인 공격에 어떻게 대응할 것인가?
- 다문화 유권자들과의 소통 전략은 무엇인가?
- 유권자들의 의견을 반영한 정책 개발 과정은 어떻게 보여줄 것인가?
- 선거 캠페인 기간 동안 지속 가능한 실천을 어떻게 강조할 것인가?
- 선거 캠페인에 현지 언어 사용을 어떻게 통합할 것인가?
- 유권자들과의 정기적인 질의응답 세션을 어떻게 구성할 것인가?
- 후보자의 교육 정책과 청년 정책은 어떻게 발표할 것인가?
- 선거 캠페인에서 지역 경제를 어떻게 강조할 것인가?
- 유권자들의 안전과 보안 문제를 어떻게 다룰 것인가?

- 선거 캠페인 중 기술과 혁신을 어떻게 활용할 것인가?
- 유권자들에게 후보자의 가치관을 전달하는 창의적인 방법은?
- 유권자들의 정치 참여를 증진시키기 위한 교육 프로그램은?
- 선거 캠페인의 공정성과 투명성을 어떻게 보장할 것인가?
- 후보자의 가족과 지역 사회와의 연결을 어떻게 강조할 것인가?
- 선거 캠페인에서 다양성과 포용성을 어떻게 표현할 것인가?
- 선거 캠페인 동안 유권자의 질문과 우려 사항을 어떻게 처리할 것인가?
- 선거 캠페인에서 환경친화적인 전략은 어떻게 구사할 것인가?
- 지역 사회와의 파트너십을 통한 캠페인 전략은?
- 선거 캠페인의 성공을 평가하기 위한 주요 지표는 무엇인가?

- 선거 캠페인 기간 동안 지역 사회의 숨겨진 문제들을 어떻게 해결할 것인가?
- 유권자들에게 후보자의 전문성과 경험을 어떻게 부각시킬 것인가?
- 선거 캠페인에 대한 젊은이들의 관심을 끌기 위한 혁신적인 아이디어는?
- 유권자들과의 실시간 온라인 대화를 어떻게 조직할 것인가?

- 지역 사회의 노인 유권자들을 위한 특별 캠페인 전략은?
- 선거 캠페인 기간 동안 지역 문화 행사를 어떻게 활용할 것인가?
- 유권자들과의 소통을 강화하기 위한 모바일 앱 개발 아이디어는?
- 지역 사회 내 소외계층을 위한 캠페인 전략은 어떻게 구상할 것인가?
- 선거 캠페인에서 사용할 수 있는 창의적인 인포그래픽 아이디어는?
- 후보자의 정책 이니셔티브를 어떻게 더 효과적으로 전달할 것인가?

- 유권자들에게 후보자의 인권 정책을 어떻게 설명할 것인가?
- 선거 캠페인에서 환경 보호를 위한 구체적인 약속은 무엇인가?
- 지역 사회 내 학교와 협력해 진행할 수 있는 캠페인 활동은?
- 유권자들을 위한 선거 캠페인 관련 교육 워크숍 아이디어는?
- 선거 캠페인 중 가족 친화적인 이벤트를 어떻게 기획할 것인가?
- 유권자들에게 후보자의 에너지 정책을 어떻게 소개할 것인가?
- 선거 캠페인에서 사용할 수 있는 혁신적인 비주얼 콘텐츠 아이디어는?
- 유권자들의 건강 관련 문제에 대한 후보자의 입장은 무엇인가?
- 선거 캠페인을 위한 지역 사회 기반의 파트너십 구축 전략은?
- 후보자의 교통 및 인프라 정책을 어떻게 알릴 것인가?

- 유권자들과의 대화를 위한 온라인 플랫폼 활용 방안은?
- 선거 캠페인 중 장애인 유권자를 위한 특별 전략은 무엇인가?
- 후보자의 지역 사회 발전에 대한 비전을 어떻게 전달할 것인가?
- 선거 캠페인 기간 동안 청소년들과의 인터랙티브 워크숍은 어떻게 진행할 것인가?
- 지역 사회의 기업들과 협력해 진행할 수 있는 캠페인 이벤트는?
- 유권자들에게 후보자의 사회 복지 정책을 어떻게 설명할 것인가?
- 선거 캠페인 기간 동안 지역 사회의 치안 문제에 대한 해결책은 무엇인가?
- 유권자들과의 소통을 위한 오프라인 이벤트 기획 아이디어는?
- 후보자의 지역 경제 발전 계획을 어떻게 유권자들에게 알릴 것인가?
- 선거 캠페인에서 사용할 수 있는 창의적인 슬로건 아이디어는?

- 유권자들과의 관계를 강화하기 위한 후보자의 지역 사회 봉사 활동은?
- 선거 캠페인 중 주택 및 도시 개발 정책을 어떻게 소개할 것인가?
- 유권자들의 참여를 높이기 위한 대화형 온라인 캠페인 아이디어는?
- 후보자의 국방 및 외교 정책을 어떻게 유권자들에게 전달할 것인가?
- 선거 캠페인 중 지역 사회 내 여성의 권익 향상을 위한 전략은?
- 유권자들에게 후보자의 과학 및 기술 정책을 어떻게 설명할 것인가?
- 선거 캠페인을 위한 유권자 참여 증진 이벤트 기획 아이디어는?
- 후보자의 국제 관계 및 협력 정책을 어떻게 알릴 것인가?
- 선거 캠페인 기간 동안 사용할 수 있는 창의적인 비디오 콘텐츠 아이디어는?
- 유권자들과의 소통을 위한 언어 다양성을 어떻게 활용할 것인가?

2. 챗GPT 활용 선거 전략 프롬프트 100선 실행을 위한 다음 단계

선거 전략의 체계적인 실행을 위해 100개의 프롬프트를 분류하고 정리가 필요하다. 선거 캠페인을 체계적으로 계획하고 실행하는 데 유용한 기준으로 분류하기 위해 챗GPT에 입력한 질문은 다음과 같다.

"성공적인 선거 전략을 위한 프롬프트 100개를 실행하기 위한 방법으로 운영전략을 단계적으로 구분하는 카테고리와 기준을 브레인스토밍해 주세요."

1) 프롬프트 구분의 10개 카테고리 예시
- **전략적 목표 설정** : 선거 캠페인의 목표와 우선순위를 설정하는 데 중점을 둔 프롬프트
- **커뮤니케이션 및 메시지 전달** : 후보자의 메시지, 가치, 정책을 전달하는 방법에 초점을 맞춘 프롬프트
- **유권자 연구 및 분석** : 유권자의 특성, 필요, 관심사를 이해하고 분석하는 데 중요한 프롬프트
- **캠페인 자원 및 물류** : 자원 배분, 물류 계획, 자원봉사자 관리 등에 관련된 프롬프트

- **디지털 및 기술적 접근** : 디지털 캠페인, 소셜 미디어 활용, 기술 기반 솔루션에 초점을 맞춘 프롬프트
- **지역 사회 및 이벤트 참여** : 지역 사회 이벤트, 대면 활동, 지역 사회 기반 전략 관련 프롬프트
- **대중 연설 및 공개 행사** : 공개 연설, 토론, 세미나 등의 공개 행사 기획에 관련된 프롬프트
- **위기관리 및 윤리적 접근** : 위기 상황 대처, 윤리적 캠페인 전략, 부정적인 공격 대응 관련 프롬프트
- **정책 및 공약 개발** : 후보자의 정책과 공약 개발, 정책 발표 전략에 관련된 프롬프트
- **평가 및 피드백** : 캠페인 성과 평가, 유권자 피드백 수집 및 반영에 초점을 맞춘 프롬프트

위 분류 기준은 선거 전략 및 캠페인의 다양한 측면을 더 세밀하게 접근할 수 있도록 돕는다.

2) 10개 카테고리 관련 프롬프트 예시

선거 전략 캠프에서 다양한 환경과 데이터에 의한 우선순위를 고려해 각 카테고리에 따라 프롬프트를 재구성하면, 특정 영역에 더 집중할 수 있는 전략적 계획을 수립하는 데 도움이 될 것이다.

이제부터 10개의 기준으로 나눠 프롬프트를 살펴보기로 한다. 각 프롬프트는 전략 수립을 위한 프레임워크를 적용해 받은 결과물 리스트이다. 또한 여기서 다루는 프롬프트는 첫 질문을 여는 예시이며, 다음 대화를 통해 확장하는 시작임을 밝혀둔다.

(1) '전략적 목표 설정' 관련 10개 프롬프트 예시

이 카테고리는 선거 캠페인의 목표와 우선순위를 설정하는 데 중점을 둔 것이다.

① 유권자들의 핵심 관심사를 파악하는 방법은 무엇인가?
② 효과적인 선거 캠페인 메시지를 개발하기 위한 전략은?

③ 선거 캠페인 기간 동안 자원봉사자들을 관리하고 동기를 부여하는 방법은?

④ 선거 캠페인 기금 모금 전략은 어떻게 수립할 것인가?

⑤ 선거 캠페인 동안 일관된 메시지를 유지하는 전략은?

⑥ 선거 캠페인 중 발생할 수 있는 위기를 어떻게 관리할 것인가?

⑦ 선거 캠페인 중 부정적인 공격에 어떻게 대응할 것인가?

⑧ 경쟁 후보의 약점과 강점을 분석하는 방법은?

⑨ 선거 캠페인 자원 관리 : 자원 배분의 전략, 자원 활용의 최적화

⑩ 선거 캠페인 동안 언론과의 관계를 어떻게 관리할 것인가?

* '유권자들의 핵심 관심사를 파악하는 방법은 무엇인가?' 예시 질문

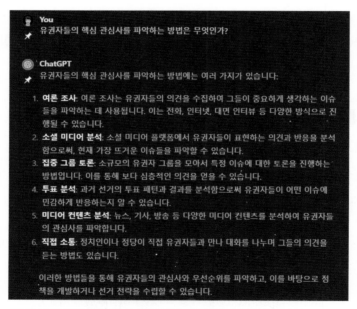

[그림1] '유권자들의 핵심 관심사를 파악하는 방법은 무엇인가? 예시

(2) '커뮤니케이션 및 메시지 전달' 중심 프롬프트 예시

이 카테고리는 후보자의 메시지, 가치, 정책을 효과적으로 전달하는 데 초점을 맞추고 있다.

① 타깃 오디언스 분석 : 우리의 주요 유권자 대상은 누구이며, 그들의 필요와 기대는 무엇인가?

② 메시지 맞춤화 : 다양한 유권자 그룹에 맞춘 맞춤형 메시지 전략은 어떻게 개발할 것인가?

③ 감성적 연결 : 유권자들과의 감성적 연결을 형성하기 위한 스토리텔링 전략은 무엇인가?

④ 가치 전달 : 후보자의 핵심 가치를 효과적으로 전달하기 위한 커뮤니케이션 전략은?

⑤ 정책 설명 : 복잡한 정책을 유권자들이 이해하기 쉽게 전달하는 방법은 무엇인가?

⑥ 미디어 활용 : 다양한 미디어 채널을 통해 효과적으로 메시지를 전달하는 전략은?

⑦ 피드백 수집과 반응 : 유권자의 피드백을 수집하고 반응하는 데 어떤 접근 방식을 사용할 것인가?

⑧ 비주얼 커뮤니케이션 : 시각적 자료와 인포그래픽을 사용해 메시지를 강화하는 방법은?

⑨ 메시지 일관성 : 선거 캠페인 전반에 걸쳐 메시지의 일관성을 유지하는 방법은?

⑩ 온라인 커뮤니케이션 : 소셜 미디어와 온라인 플랫폼을 통한 메시지 전달 최적화 전략은?

⑪ 언론과의 관계 : 언론과의 효과적인 관계 구축을 통해 메시지를 확산시키는 전략은?

⑫ 위기 커뮤니케이션 : 위기 상황에서의 커뮤니케이션 관리와 메시지 조절 전략은?

이러한 프롬프트들은 커뮤니케이션 및 메시지 전달 전략을 세밀하게 다루면서 선거 캠페인의 효과를 극대화하는 데 도움이 된다.

* 비주얼 커뮤니케이션 강화를 위한 프롬프트 예시

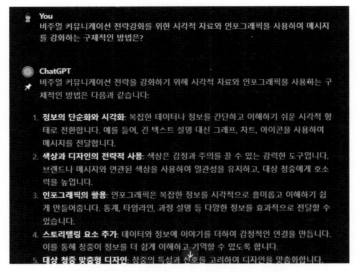

[그림2] 시각적 자료와 인포그래픽을 사용해 메시지를 강화하는 방법은?

(3) '디지털 전략 및 소셜 미디어 활용' 중심 프롬프트 예시

구체적이고 실현 가능한 디지털 전략과 프레임워크 도입에 초점을 맞추고 있다.

① 콘텐츠 마케팅 전략 : 선거 캠페인을 위한 콘텐츠 마케팅 전략은 어떻게 구성할 수 있을까? 예를 들어, 블로그 포스팅, 인포그래픽, 비디오 시리즈 등을 어떻게 활용할 수 있을까?

② 소셜 미디어 타깃팅 : 다양한 소셜 미디어 플랫폼에서 타깃 유권자 그룹에 효과적으로 접근하기 위한 전략은 무엇일까?

③ 인플루언서 마케팅 : 지역 사회의 영향력 있는 인플루언서와의 협력을 통해 메시지를 확산시키는 방법은 무엇일까?

④ 디지털 광고 캠페인 : 유료 디지털 광고(예: Google 광고, 소셜 미디어 광고)를 통해 유권자 참여를 증진시키는 전략은 무엇일까?

⑤ 온라인 행사 및 웨비나 : 온라인 행사 및 웨비나를 통해 유권자와의 상호작용을 어떻게 강화할 수 있을까?

⑥ 소셜 미디어 모니터링 및 분석 : 소셜 미디어에서의 유권자 반응과 트렌드를 분석하기 위한 도구와 전략은 무엇일까?

⑦ SEO 전략 : 검색 엔진 최적화(SEO)를 통해 선거 캠페인 웹사이트의 가시성을 어떻게 향상시킬 수 있을까?

⑧ 이메일 마케팅 : 유권자들과의 지속적인 소통을 위한 이메일 마케팅 캠페인은 어떻게 구성할 수 있을까?

⑨ 소셜 미디어에서의 실시간 참여 : 소셜 미디어에서 실시간 Q&A 세션, 라이브 스트리밍 등을 통해 유권자 참여를 어떻게 증진시킬 수 있을까?

⑩ 데이터 주도 결정 : 소셜 미디어 및 디지털 플랫폼에서 얻은 데이터를 분석해 캠페인 전략을 어떻게 조정할 수 있을까?

이 프롬프트들은 디지털 전략 및 소셜 미디어 활용에 중점을 두고, 선거 캠페인의 효과를 극대화하는 데 도움이 될 것이다.

(4) '자원 관리 및 조직 전략' 중심 프롬프트 예시

구체적이고 실현 가능한 프레임워크를 도입해 질문 형식의 프롬프트이다.

① 자원 할당 최적화 : 선거 캠페인의 다양한 활동에 필요한 자원을 어떻게 효율적으로 할당하고 관리할 수 있을까?

② 자원봉사자 관리 : 자원봉사자들을 효과적으로 모집, 교육, 관리하기 위한 전략은 무엇일까?

③ 기금 모금 전략 : 효과적인 기금 모금을 위한 창의적인 방법은 무엇이 있을까? 크라우드펀딩, 이벤트, 온라인 캠페인 등을 어떻게 활용할 수 있을까?

④ 비용 효율적 캠페인 : 제한된 예산 내에서 최대의 효과를 내기 위한 비용 효율적 캠페인 전략은 무엇일까?

⑤ 팀워크 및 커뮤니케이션 : 캠페인 팀 내에서 효과적인 커뮤니케이션과 협업을 촉진하기 위한 방법은 무엇일까?

⑥ 자원 추적 및 평가 : 캠페인 자원의 사용과 효과를 추적하고 평가하기 위한 시스템은 어떻게 구축할 수 있을까?

⑦ 리스크 관리 : 캠페인 자원 관리와 관련된 리스크를 어떻게 식별하고 관리할 수 있을까?

⑧ 지속 가능한 자원 활용 : 캠페인의 지속 가능성을 높이기 위해 자원을 어떻게 활용할 수 있을까?

⑨ 자원 분배의 공정성 : 다양한 캠페인 활동 간 자원을 공정하게 분배하는 방법은 무엇일까?

⑩ 기술 활용 : 자원 관리와 조직 전략에 기술을 어떻게 효과적으로 적용할 수 있을까?

이 프롬프트들은 캠페인의 자원 관리 및 조직 전략을 체계적으로 계획하고 실행하는 데 도움이 될 것이다.

* 팀워크 및 커뮤니케이션 강화를 위한 프롬프트의 예

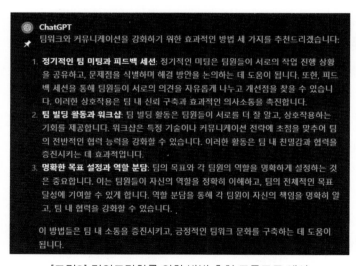

[그림3] 팀워크강화를 위한 방법 추천 프롬프트 예시

(5) '정책 및 공약 개발' 중심 프롬프트 예시

① 공약 개발 프로세스 : 유권자의 요구와 기대에 부합하는 공약을 개발하기 위한 구체적인 프로세스는 무엇일까?

② 공약의 실현 가능성 평가 : 제안된 공약의 실현 가능성을 어떻게 평가하고 검증할 수 있을까?

③ 정책 연구 및 분석 : 캠페인 정책을 개발하기 위해 필요한 연구 및 분석 방법은 무엇일까?

④ 정책 우선순위 결정 : 다양한 정책 옵션 중에서 어떻게 우선순위를 결정할 수 있을까?

⑤ 공약의 재정적 영향 분석 : 제안된 공약의 재정적 영향을 어떻게 분석할 수 있을까?

⑥ 공약의 사회적 영향 평가 : 정책이 사회에 미칠 영향을 어떻게 평가할 수 있을까?

⑦ 정책 형성의 참여 및 투명성 : 유권자와 이해관계자들을 정책 형성 과정에 어떻게 참여시킬 수 있을까?

⑧ 공약의 전달 및 설명 : 복잡한 정책을 유권자들에게 어떻게 명확하고 이해하기 쉽게 전달할 수 있을까?

⑨ 공약의 지속 가능성 평가 : 정책의 지속 가능성을 어떻게 평가하고 보장할 수 있을까?

⑩ 정책 대안의 비교 분석 : 서로 다른 정책 대안들을 어떻게 비교하고 평가할 수 있을까?

이 프롬프트들은 선거 캠페인의 정책 및 공약 개발에 있어 실현 가능하고 효과적인 전략을 수립하는 데 도움을 줄 것이다.

(6) '지역 사회 및 문화적 접근' 중심 프롬프트 예시

각 후보자의 대상 지역의 각기 다른 특성과 문화를 반영해 활용할 수 있다.

① 지역 사회 참여 증진 : 지역 사회의 참여를 증진시키기 위한 구체적인 전략은 무엇일까?

② 문화적 감수성 : 다양한 문화적 배경을 가진 유권자들과 소통하기 위한 전략은 어떻게 구축할 수 있을까?

③ 지역 이슈 해결 : 지역 사회의 주요 이슈를 해결하기 위한 실질적인 계획은 무엇일까?

④ 지역 네트워크 구축 : 지역 사회 내에서 영향력 있는 네트워크를 어떻게 구축하고 활용할 수 있을까?

⑤ 지역 문화 행사 참여 : 지역 문화 행사에 캠페인이 어떻게 참여하고 기여할 수 있을까?

⑥ 지역 사회 기반 활동 : 유권자와의 관계를 강화하기 위해 어떤 지역 사회 기반 활동을 개발할 수 있을까?

⑦ 다문화 접근 전략 : 다양한 문화적 배경을 가진 유권자들에게 어떻게 접근할 수 있을까?

⑧ 지역 문제에 대한 인식 제고 : 지역 사회의 주요 문제에 대한 인식을 어떻게 제고할 수 있을까?

⑨ 지역 사회와의 파트너십 : 지역 사회의 다른 조직이나 단체들과 어떻게 파트너십을 형성하고 유지할 수 있을까?

⑩ 지역 사회 내 지속 가능한 발전 : 지역 사회의 지속 가능한 발전을 위한 캠페인 전략은 무엇일까?

이 프롬프트들은 지역 사회 및 문화적 접근에 초점을 맞추며, 지역 사회의 특성과 필요에 부합하는 캠페인 전략을 수립하는 데 유용한 팁이 될 것이다.

(7) '위기관리 및 대응' 중심 프롬프트 예시

선거 준비 및 마무리의 각 단계에서 발생할 수 있는 위기 상황을 예측하고 대비하는 전략이 필요하다.

① 위기 상황 식별 : 선거 캠페인 중 발생할 수 있는 위기 상황을 어떻게 식별하고 준비할 수 있을까?

② 위기 커뮤니케이션 계획 : 위기 상황 발생 시 효과적인 커뮤니케이션을 위한 계획은 어떻게 수립할 수 있을까?

③ 위기 대응 팀 구성 : 효과적인 위기 대응을 위해 어떤 역할을 가진 팀을 구성해야 할까?

④ 소셜 미디어에서의 위기관리 : 소셜 미디어에서 발생하는 위기 상황을 어떻게 관리할 수 있을까?

⑤ 위기 상황에서의 메시지 조절 : 위기 상황에서 유권자에게 전달하는 메시지를 어떻게 조절하고 관리할 수 있을까?

⑥ 재난 및 비상 상황 대비 : 자연재해나 비상 상황에 대비한 캠페인 대응 계획은 어떻게 마련할 수 있을까?

⑦ 위기 이후의 평가 및 학습 : 위기 상황 이후 어떻게 평가를 진행하고 교훈을 도출할 수 있을까?

⑧ 온라인 명성 관리 : 위기 상황에서 후보자의 온라인 명성을 어떻게 보호하고 관리할 수 있을까?

⑨ 내부 커뮤니케이션 강화 : 위기 상황에서 팀 내부의 커뮤니케이션을 어떻게 강화하고 효과적으로 유지할 수 있을까?

⑩ 유권자 신뢰 회복 : 위기 상황 이후 유권자의 신뢰를 어떻게 회복할 수 있을까?

이 프롬프트들은 선거 캠페인 중 발생할 수 있는 다양한 위기 상황에 대응하는 데 중점을 두며, 위기관리 및 대응 전략을 수립하는 데 큰 도움이 될 것이다.

* 선거 캠페인 중 발생할 수 있는 위기 상황 대비를 위한 프롬프트 예시

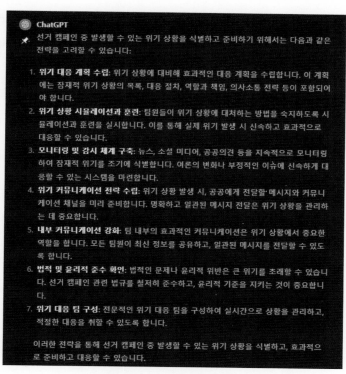

[그림4] 위기 상황 식별을 위한 프롬프트 예시

(8) '특정 유권자 그룹 접근' 중심 프롬프트 예시

각 유권자의 특성을 고려한 전략은 개인화된 현대사회에서 중요한 요소이며 강력한 효과를 불러올 기준이 될 것이다.

① 청소년 유권자 참여 : 청소년 유권자들을 선거 캠페인에 어떻게 참여시킬 수 있을까?
② 노인 유권자 접근 : 노인 유권자들의 특별한 요구와 관심사에 어떻게 부응할 수 있을까?
③ 소외계층과의 소통 : 사회적 소외계층과의 효과적인 소통 전략은 무엇일까?
④ 다문화 커뮤니티 접근 : 다양한 문화적 배경을 가진 커뮤니티에 어떻게 접근할 수 있을까?
⑤ 여성 유권자와의 소통 : 여성 유권자들의 요구와 관심사에 어떻게 응답할 수 있을까?
⑥ 장애인 유권자 접근 : 장애를 가진 유권자들의 접근성과 참여를 위한 전략은 무엇일까?
⑦ 청년 유권자 참여 증진 : 청년 유권자들의 참여를 증진시키기 위한 전략은 무엇일까?
⑧ 교육 기반 접근 : 교육 기관과의 협력을 통해 유권자 참여를 어떻게 증진할 수 있을까?
⑨ 지역 커뮤니티 기반 활동 : 지역 커뮤니티 기반 활동을 통해 특정 유권자 그룹과 어떻게 연결될 수 있을까?
⑩ 온라인 플랫폼 활용 : 온라인 플랫폼을 활용해 다양한 유권자 그룹에 어떻게 접근할 수 있을까?

이 프롬프트들은 특정 유권자 그룹에 효과적으로 접근하고 참여를 증진하기 위한 전략을 수립하는 데 도움이 될 것이다.

(9) '캠페인 이벤트 및 활동 기획' 중심 프롬프트 예시

각 프롬프트는 첫 질문으로 시작하는 전략의 열쇠가 된다.

① 이벤트 기획 프로세스 : 유권자 참여를 증진시키기 위한 캠페인 이벤트를 어떻게 기획하고 실행할 수 있을까?

② 타깃 오디언스 분석 : 이벤트 타깃 오디언스를 어떻게 분석하고 이들의 관심을 끌 수 있을까?

③ 온라인 이벤트 전략 : 디지털 시대에 맞는 온라인 이벤트 및 웨비나를 어떻게 효과적으로 기획하고 진행할 수 있을까?

④ 대면 이벤트 안전 관리 : 대면 이벤트를 안전하고 효과적으로 관리하기 위한 전략은 무엇일까?

⑤ 커뮤니티 기반 이벤트 : 지역 사회와 연계된 커뮤니티 기반 이벤트를 어떻게 기획하고 실행할 수 있을까?

⑥ 이벤트 홍보 및 마케팅 : 캠페인 이벤트를 어떻게 홍보하고 마케팅할 수 있을까?

⑦ 예산 관리 및 자원 활용 : 이벤트의 예산을 어떻게 관리하고 필요한 자원을 최적화할 수 있을까?

⑧ 이벤트 후 피드백 및 평가 : 이벤트 후 어떻게 피드백을 수집하고 평가할 수 있을까?

⑨ 참여 증진을 위한 인센티브 : 유권자 참여를 증진시키기 위해 어떤 인센티브를 제공할 수 있을까?

⑩ 다양한 포맷의 이벤트 혁신 : 캠페인 이벤트를 다양화하기 위해 어떤 새로운 포맷이나 접근 방식을 도입할 수 있을까?

이 프롬프트들은 캠페인 이벤트 및 활동을 효과적으로 기획하고 실행하는 데 중점을 두고 있으며, 실현 가능하고 구체적인 전략을 제공한다.

* 온라인 이벤트 전략 아이디어 도출을 위한 프롬프트 예시

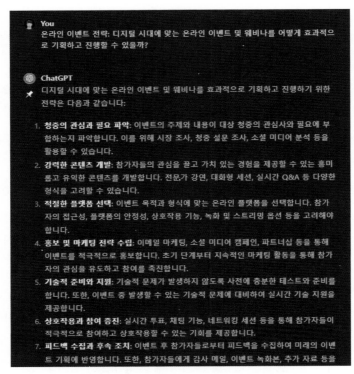

[그림5] 온라인 이벤트 전략에 대해 질문한 프롬프트 예시

(10) '평가 및 후속 전략' 중심 프롬프트 예시

초선, 재선을 구분하지 않고 가장 중요한 단계로 평가와 후속 조치를 간과할 수 없다.

① 성과 평가 기준 설정 : 선거 캠페인의 성과를 어떤 기준으로 평가할 수 있을까?

② 데이터 기반 분석 : 캠페인 데이터를 분석해 어떤 통찰력을 얻을 수 있을까?

③ 피드백 수집 메커니즘 : 유권자 및 참여자들로부터 피드백을 효과적으로 수집하기 위한 전략은 무엇일까?

④ 캠페인 수정 및 개선 : 수집된 피드백을 바탕으로 캠페인을 어떻게 수정하고 개선할 수 있을까?

⑤ 장기 전략 개발 : 선거 이후에도 지속 가능한 캠페인 활동을 위한 장기 전략은 어떻게 수립할 수 있을까?

⑥ 영향력 평가 : 캠페인이 유권자들에게 미친 영향을 어떻게 평가할 수 있을까?

⑦ 자원 활용의 최적화 : 캠페인 자원을 더 효율적으로 활용하기 위한 방안은 무엇일까?

⑧ 학습과 발전 : 캠페인에서 얻은 교훈을 미래의 전략에 어떻게 통합할 수 있을까?

⑨ 캠페인 리더십 평가 : 캠페인 리더십의 효과성을 어떻게 평가하고 강화할 수 있을까?

⑩ 지속적인 관계 구축 : 선거 이후에도 유권자와의 지속적인 관계를 어떻게 유지하고 발전시킬 수 있을까?

이 프롬프트들은 선거 캠페인의 평가 및 후속 전략을 개발하는 데 중점을 두고 있으며, 캠페인의 효과성을 높이고 지속적인 성공을 위한 전략을 제공한다.

Epilogue

이 책의 여정을 마치며 우리는 현대 선거 캠페인의 미래에 대한 중요한 깨달음을 얻었다. 챗GPT와 같은 AI 기술의 도입은 단순한 선택이 아니라, 선거 캠페인을 성공으로 이끄는 필수적인 도구임을 명확히 인식해야 한다는 것이다. 이제 우리 앞에 놓인 도전은 AI 기술을 어떻게 효과적으로 활용해 유권자와의 연결을 강화하고, 메시지를 효과적으로 전달하며 선거 캠페인의 성공을 보장할 것인가에 대한 것이다.

본서에서 제시된 100개의 프롬프트는 단순한 가이드라인을 넘어서 캠페인 전략을 혁신하는 데 있어 실질적인 행동 계획을 촉구하고 있으며, 이러한 아이디어와 전략을 현실로 전환시키는 것이다. 우리는 전통적인 방식에 안주해서는 안 된다. 끊임없이 변화하고 진화하는 유권자의 요구에 부응하기 위해 우리는 항상 새로운 기술과 접근 방식을 탐색하고 도전해야 한다.

챗GPT를 활용한 선거 전략은 더 넓은 범위의 유권자에게 도달할 수 있게 해주며 더 깊이 있는 데이터 분석을 가능하게 한다. 이를 통해 우리는 유권자의 심리와 행동을 더 잘 이해하고 그들의 필요와 기대에 보다 효과적으로 응답할 수 있을 것이라 확신한다.

이 책은 시작에 불과하다. 선거 캠페인의 세계는 계속해서 변화할 것이며 우리는 이 변화의 최전선에서 새로운 기술과 전략을 통해 계속해서 혁신을 추구해야 한다. 챗GPT와 같은 AI 기술을 활용한 선거 캠페인 전략은 미래 선거의 승리를 위한 열쇠가 될 것이다. 이제 우리에게 주어진 도전은 이 기술을 어떻게 창의적으로 활용하고 유권자와의 깊은 연결을 구축하며, 우리의 메시지를 더욱 강력하게 전달할 것인가에 달려있으며 성공에 이르게 할 것이다.

"리더는 비전을 제시하고, 영감을 준다.
그리고 다른 사람들이 그 비전을 따르도록 돕는다."
- 존 C. 맥스웰

선거 캠페인과 캠프를 이끌게 될 당신의 역할과 명확한 비전 제시와 영감을 통해 지지자를 확보하는 중요성을 나타내는 말을 기억하며 성공을 쟁취하길 기원한다.

PART 2

기본 소통 도구와
콘텐츠 제작

1

선거 필승전략의 핵심 '챗GPT와 블로그 마케팅'의 결합

김 래 은

제1장
선거 필승전략의 핵심
'챗GPT와 블로그 마케팅'의 결합

Prologue

선거전략에 '블로그'와 '검색 노출'을 적극 활용하라!

기존 미디어가 유권자들에게 후보자의 존재를 인지시켜 줄 수 있기는 하지만, 감성을 자극해 지지를 이끌어 내기는 어렵다. 무엇보다 오프라인에서 선거나 후보자 정보를 얻으려는 사람이 크게 줄어든 반면 온라인에서 거의 모든 정보를 얻는 게 일상화됐다.

20~30대 청년들은 보통 정치에 대해서 잘 모르는 경우가 많다. 그나마 투표라도 할 사람들은 지역구 후보를 보고 그때 이름을 처음 알게 된다. 그 후에 이름을 검색해 본다. 맨 처음 나오는 것이 뉴스, 블로그이기 때문에 이 두 가지가 가장 영향력이 있고 중요하다.

언론을 통한 홍보가 공중전이라면, 블로그는 지상전에 투입된 보병과 같다. 결국 마지막으로 그 지역을 점령하고 깃발을 꽂는 것은 공군이 아니라 보병만이 할 수 있는 일이기 때문이다.

기존 신문이나 방송에서 선거 보도는 아주 민감한 부분이라서 기계적 중립을 취할 수 밖에 없고, 보도하는 내용 또한 단순한 팩트에 그치게 될 수밖에 없다. 따라서 적어도 온라인 여론에 민감한 20대나 30~40대 도시지역 유권자의 표를 공략하기 위해선 인터넷을 활용한 선거전략이 후보자들에게 필수적이다. 왜냐하면 인터넷에 익숙한 요즘 사람들은 자신이 알고자 하는 사람의 정보를 웹 검색으로 찾기 때문이다.

블로그를 통해 후보자의 철학과 비전, 지역사회와 사람에 대한 애정, 풍부한 지식 등을 풀어놓을 수 있다면 그만큼 좋은 인터넷 홍보 수단은 없을 것이다. 특히 블로그는 사회관계망(소셜네트워크)을 구축하는데 더없이 좋은 매체이므로 자신의 상세 프로필과 살아온 길 등 홍보페이지를 마음껏 꾸밀 수 있다.

선거에서 승리하기 위해서는 무엇보다 후보자들의 진정성 있는 소통과 투명한 정책제시가 전제돼야 한다. 현시대는 AI 시대가 된 만큼 이제 선거 캠프에서도 '생성형 AI'를 적극적이고 전략적으로 활용할 수 있는 홍보 마케팅 방법에 관심을 갖고 그중에서도 블로그를 적극 활용할 수 있기를 바란다.

1. 선거를 앞두고 블로그를 통해 선거운동을 해야 하는 이유

1) 넓은 도달 범위

인터넷의 보편화로 블로그는 다양한 연령층과 지역에 거주하는 유권자에게 쉽게 접근할 수 있다. 이는 특히 젊은 세대나 IT에 익숙한 유권자들에게 더욱 효과적이다.

2) 심층적인 내용 전달

전통적인 선거 캠페인 방식에 비해 블로그는 정책이나 비전을 보다 자세하고 심층적으로 소개할 수 있는 공간을 제공한다. 이를 통해 유권자들은 후보자의 입장을 보다 명확히 이해할 수 있게 된다.

3) 상호 소통의 장

블로그는 유권자들과의 직접적인 소통을 가능하게 한다. 댓글이나 메시지 기능을 통해 유권자의 의견을 듣고, 그에 대응하는 것이 가능하다. 이는 유권자들과의 신뢰를 쌓는 데 많은 도움이 된다.

4) 비용 효율성

블로그 운영은 다른 전통적인 선거운동 방법에 비해 상대적으로 저렴하다. 특히 소규모 캠페인이나 예산이 제한적인 경우에 효과적인 방법이 될 수 있다.

5) 실시간 업데이트와 유연성

블로그를 통해서는 선거 캠페인과 관련된 최신 정보를 실시간으로 업데이트하고, 유동적인 상황에 빠르게 대응할 수 있다. 이는 유권자들에게 신속하고 정확한 정보를 제공하는 데 중요하다.

2. AI를 활용한 블로그는 성공적인 선거전략에 효과적

1) 개인적인 접근

블로그는 후보자가 자신의 인간적인 면모, 경험, 가치관을 공유할 수 있는 플랫폼을 제공한다. 이런 개인적인 이야기는 유권자와의 감정적 연결을 강화하는 데 도움이 된다.

2) 멀티미디어 콘텐츠 활용

블로그를 통해 사진, 비디오, 인포그래픽 등 다양한 멀티미디어 요소를 활용할 수 있다. 이러한 시각적 요소는 정보의 이해와 기억에 도움을 준다. 또한, 강렬한 인상과 함께 정보를 효과적으로 전달할 수 있는 장점이 있다.

3) 지속적인 존재감 유지

블로그는 선거 기간뿐만 아니라 그 이후에도 유지될 수 있어 선출된 후에도 지속적인 커뮤니케이션 채널로 활용될 수 있다. 이는 유권자와의 장기적인 관계 구축에 유리하다.

4) 검색 엔진 최적화(SEO)를 통한 가시성 증대

적절한 키워드 사용과 지속적인 콘텐츠 업데이트를 통해 검색 엔진에서의 가시성을 높일 수 있다. 이는 후보자나 그의 정책에 대한 정보를 찾는 유권자들에게 보다 쉽게 노출되는 결과를 가져온다.

5) 데이터 수집 및 분석

블로그를 통해 유권자들의 반응과 행동 패턴을 분석할 수 있다. 방문자 수, 페이지 뷰, 공유 횟수 등의 데이터를 분석해 캠페인 전략을 조정하거나 개선할 수 있다.

3. AI 활용 블로그를 통한 선거운동의 특징

1) 타깃 마케팅

블로그를 통해 특정 연령대, 지역, 관심사를 가진 유권자들을 대상으로 맞춤형 콘텐츠를 제공할 수 있다. 이는 유권자들과 보다 효과적으로 소통하는 데 도움이 된다.

2) 브랜드 이미지 구축

일관된 메시지와 디자인을 통해 후보자의 브랜드 이미지를 구축하고 강화할 수 있다. 이는 유권자들에게 강력한 인상을 남겨 장기적인 지지를 이끌어낼 수 있다.

3) 위기 관리

블로그는 잘못된 정보나 오해를 바로잡고, 위기 상황에서 신속하게 대응하는 플랫폼으로 활용될 수 있다. 이를 통해 후보자의 명성을 관리하고 유지하는 데 중요한 역할을 할 수 있다.

4) 커뮤니티 구축

유권자들이 서로 의견을 공유하고 토론할 수 있는 공간을 제공함으로써, 블로그를 통해 지지자들의 커뮤니티 형성을 촉진할 수 있다. 이는 캠페인에 대한 참여와 열정을 높이는 데 기여한다.

5) 피드백과 학습의 기회

유권자들의 피드백을 통해 캠페인 메시지의 효과를 평가하고, 필요한 조정을 할 수 있다. 또한 유권자들의 관심사와 우려 사항을 더 잘 이해하게 돼 더욱 효과적인 정책 제안을 할 수 있다.

6) 창의적인 콘텐츠 제작

블로그는 다양한 형식의 콘텐츠(블로그 포스트, 인터뷰, 설문조사, 게스트 포스팅 등)를 통해 창의적이고 독특한 방식으로 메시지를 전달할 수 있는 기회를 제공한다.

4. AI를 활용한 선거전략 블로그 세팅하기

1) 눈에 띄는 블로그 대문 만들기

블로그 대문은 후보자를 알리는 현수막과 같은 역할을 한다.

(1) 스킨형 블로그 대문

[그림1] 스킨형 블로그 대문(출처 : 국회의원 선거 김성용 후보 블로그)

(2) 위젯 5개 홈페이지형 블로그 대문

[그림2] 홈페이지형 블로그(출처 : 국회의원 윤호중 블로그)

(3) AI 활용하기 - 캔바, 미리캔버스, 망고보드

〈블로그 대문 필수 내용〉

#프로필 사진   #이름   #정당 또는 무소속 (소속)

#지역구   #표어   #후보직위

〈Tip. 1〉 선거 후보자에게 인상적인 표어를 잘 만드는 것이 매우 중요한 이유

① 첫인상의 중요성

표어는 후보자에 대한 첫인상을 형성한다. 강력하고 기억에 남는 표어는 유권자들이 후보자를 긍정적으로 인식하는 데 도움을 준다.

② 메시지 전달

표어는 후보자의 핵심 메시지와 가치를 간결하게 전달한다. 이를 통해 유권자들은 후보자의 주요 공약과 정치적 입장을 쉽게 이해할 수 있다.

③ 브랜딩 효과

강력한 표어는 후보자의 고유한 브랜드를 구축하는 데 도움이 된다. 이는 선거 캠페인 전반에 걸쳐 일관된 이미지와 메시지를 유지하는 데 중요하다.

④ 감정적 연결

효과적인 표어는 유권자의 감정에 호소할 수 있다. 이는 유권자들이 후보자와 개인적인 연결을 느끼게 하고, 그들의 지지를 얻는 데 중요한 역할을 한다.

⑤ 기억에 남는 캠페인

좋은 표어는 유권자들의 기억에 오래 남는다. 이는 선거일에 유권자들이 투표소에서 후보자를 기억하고 투표하는 데 중요한 역할을 한다.

⑥ 구별되는 정체성

인상적인 표어는 후보자를 다른 경쟁자들과 구별 짓게 한다. 이는 유권자들이 후보자를 더 쉽게 식별하고 그들의 선택을 명확히 하는 데 도움을 준다.

따라서 선거 캠페인에서 표어는 단순한 구호 이상의 의미를 갖는다. 그것은 후보자의 정체성, 메시지, 가치를 전달하는 핵심 도구이며 유권자들과의 강력한 연결을 형성하는 수단이다.

〈Tip. 2〉 챗GPT가 만들어 준 표어 리스트

선거에 활용할 표어는 후보자의 정책, 가치, 그리고 비전을 강조해야 한다. 다음은 선거에 출마하는 후보자를 위한 인상적인 표어 예시이다.

- 함께 만드는 밝은 미래
- 진심을 행동으로
- 당신의 내일을 위해 오늘을 바꾼다
- 새로운 시작, 함께하는 여정

- 투명한 정치, 신뢰할 수 있는 미래
- 우리 지역의 새로운 힘
- 포용과 혁신으로 이끄는 변화
- 함께 꿈꾸는 더 나은 내일
- 당신의 가치, 우리의 정책
- 소통과 협력의 정치

이러한 표어들은 유권자들에게 긍정적이고 희망적인 메시지를 전달하며 후보자의 비전과 정책 방향을 명확히 표현한다. 챗GPT를 활용해 더 많은 표어 아이디어를 얻을 수 있으며 여러 가지 조합을 통해 원하는 표어를 완성할 수 있다.

2) 프로필 사진

블로그에서 프로필 사진은 온라인에서 가장 먼저 보이는 얼굴이며, 블로그 대문에 올릴 후보자의 이미지로 '이미지 메이킹'은 후보자에게 있어 매우 중요한 부분이다. 선거운동의 성공에 크게 기여할 수 있는 이미지를 만들기 위해서는 다음과 같은 요소들을 고려해야 한다.

(1) 신뢰성과 진정성

유권자들은 신뢰할 수 있고 진정성 있는 후보를 선호한다. 이를 위해서는 자신의 정치적 가치와 신념을 분명하고 일관성 있게 표현하며 과장되거나 불명확한 약속을 피해야 한다.

(2) 전문성과 경험

후보자의 전문성과 관련 경험을 강조하는 것이 중요하다. 이는 유권자들이 후보자가 해당 직책을 수행할 능력이 있다고 믿도록 돕는다.

(3) 친근하고 접근 가능한 이미지

유권자들과의 감정적 연결을 위해 친근하고 접근 가능한 이미지를 구축하는 것이 중요하다. 이는 유권자들이 후보자를 자신들의 일상과 관련 있고 이해하는 인물로 인식하도록 돕는다.

(4) 혁신적이고 역동적인 자세

특히 젊은 유권자들에게 어필하기 위해 혁신적이고 역동적인 이미지를 보여주는 것이 좋다. 이는 후보자가 시대의 흐름을 이해하고 새로운 아이디어를 제시할 수 있음을 보여준다.

(5) 사회적 책임과 공감 능력

사회적 책임감을 갖추고 다양한 계층과의 공감 능력을 보여주는 것도 중요하다. 이는 포용적이고 균형 잡힌 리더십을 상징한다.

(6) 지역과의 연결성

지역 유권자들과의 연결성을 강조하는 것도 중요하다. 이는 해당 지역의 문제에 대한 깊은 이해와 해결을 위한 구체적인 계획을 제시함으로써 이룰 수 있다.

(7) 청렴한 이미지

청렴성은 유권자들이 특히 중요하게 여기는 요소이다. 과거의 정직한 행적과 청렴한 생활 방식을 강조하는데 유리하다.

이미지 메이킹은 단순한 외적인 이미지 구축을 넘어서 후보자의 정체성, 가치관, 정책 방향과 긴밀하게 연결돼야 한다. 이를 통해 유권자들에게 긍정적인 인상을 남기고, 신뢰와 지지를 얻을 수 있다.

[그림3] 블로그 대문 프로필 사진 예시(출처 : 윤호중, 배현진, 이원욱, 신정훈 블로그)

3) 프로필 세팅

프로필 부분에는 후보자의 사진을 넣을 수 있고 가장 알리고 싶은 내용을 함축적으로 보여준다.

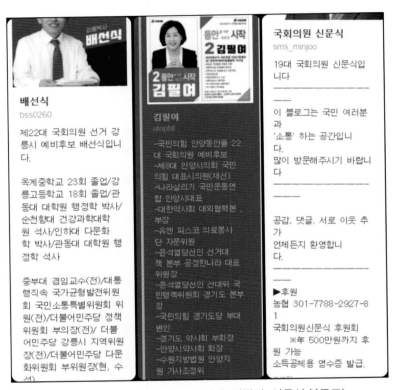

[그림4] 프로필 예시(출처 : 배선식, 김필여, 신문식 블로그)

4) 카테고리 설정

카테고리에는 본인 소개(스토리텔링), 정당 소개, 언론보도자료, 선거운동, 카드뉴스 등으로 나눌 수 있다.

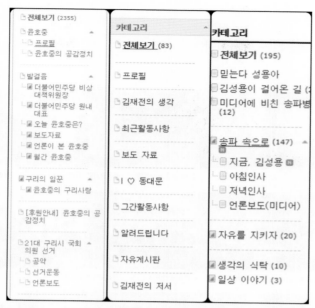

[그림5] 카테고리 예시 (출처 : 윤호중, 김재전, 김성용 블로그)

5) 프롤로그 화면(블로그의 메인 화면)

(1) 포스트 강조형

이미지와 함께 글 내용의 일부가 미리보기로 노출되는 형태이다.

[그림6] 포스트 강조형 프롤로그 (출처: 전봉민 국회의원 블로그)

(2) 이미지 강조형

이미지와 제목만 노출되는 형태이다.

[그림7] 이미지 강조형 프롤로그(출처 : 전봉민 국회의원 블로그)

6) 공지사항 5개

- 본인 소개(과거, 현재, 미래) : 왜 당신이어야 하는가?
- 정치 신념, 정책내용
- 성과 글, 어려움 극복
- 선거공약 제시글
- 지역주민을 위한 봉사 글

〈Tip. 3〉 챗GPT가 알려주는 정책내용 아이디어 5가지 예시

대한민국에서 선거에 출마하는 후보자가 고려할 수 있는 정책내용으로 다음 다섯 가지를 제안드린다. 이들은 현재 사회적, 경제적 이슈를 반영하며 유권자들의 관심을 끌 수 있는 주제들이다.

① 교육 개혁

첨단 기술과 글로벌 경쟁에 맞춘 교육 체계 개선, 창의력과 비판적 사고를 강조하는 교육 프로그램 개발, 교육 기회의 평등 확대를 포함할 수 있다.

② 경제 성장 및 일자리 창출

중소기업과 스타트업을 지원하는 정책, 청년 일자리 창출, 고용 안정성 강화, 디지털 경제로의 전환 지원 등이 포함될 수 있다.

③ 환경 정책 및 지속 가능한 발전

재생 가능 에너지로의 전환 촉진, 탄소 배출 감소, 지속 가능한 도시 계획, 녹색 기술 투자 확대 등을 고려할 수 있다.

④ 공공 보건 및 복지 강화

저소득층과 취약 계층을 위한 건강 보험 및 복지 혜택 강화, 공공 의료 시스템 개선, 정신 건강 및 노인 복지 서비스 확대 등이 중요하다.

⑤ 디지털 혁신 및 데이터 보안 강화

디지털 인프라 구축, 사이버 보안 정책 강화, 개인 정보 보호 및 데이터 관리 시스템 개선 등이 포함될 수 있다.

이러한 정책들은 대한민국의 현재와 미래의 주요 도전과제들을 다루며, 후보자가 유권자들과 의미 있는 연결을 맺는 데 도움이 될 것이다.

5. 챗GPT를 활용한 블로그 포스팅 글쓰기

후보자 개인 맞춤형 데이터 GPT를 활용해 거짓, 편향적, 출처 불분명, 온라인상의 광범위한 정보가 아닌 유권자에게 정확하고 신뢰성 있는 정보를 제공할 수 있다. 블로그 글쓰기로 선거운동을 하는 것은 어떤 신문이나 방송보다도 선거운동 상황을 생생하게 전달할 수 있으며, 특히 온라인에서의 노출을 통해 후보자를 더욱 노출시킬 수 있다.

6. 공통적인 분위기의 썸네일 카드뉴스

카드뉴스를 활용하면 전문적으로 보이며 유권자가 원하는 글을 선택해 읽을 수 있다. 또한 챗GPT를 활용해 썸네일 주제를 정할 수 있다.

[그림8] 공통적인 분위기의 썸네일 카드뉴스 예시(출처 : 윤호중 국회의원 블로그)

7. 정확한 대상을 타겟팅한 프롬프트 작성

챗GPT를 활용해 20~30대 청년 대상, 40~50대 중년 대상, 60대 이상 노년 대상으로 타깃을 나눠서 글을 작성하는 것이 좋다. 블로그를 통해 특정 연령대, 지역, 관심사를 가진 유권자들을 대상으로 맞춤형 콘텐츠를 제공할 수 있다. 이는 유권자들과 보다 효과적으로 소통하는 데 도움이 된다.

ex) 너는 20년 경력의 선거운동 전략가야! 노년층에게 앞으로 노인복지정책과 실천에 대한 공약으로 내세울 내용을 60대 이상의 노년층이 읽기에 좋은 내용으로 블로그 글을 작성해 줘.

답변 : 물론입니다. 20년 경력의 선거운동 전략가로서 노년층을 대상으로 한 노인 복지 정책과 실천에 관한 공약을 소개하는 블로그 글을 작성하겠습니다. 이 글은 60대 이상의 노년층이 읽기에 적합하도록 구성될 것입니다.

더 나은 내일을 위한 우리의 약속: 노년층을 위한 복지정책
안녕하십니까, 존경하는 시민 여러분.

오랜 세월 동안 여러분의 목소리에 귀 기울이며, 여러분의 삶의 질 향상을 위해 노력해온 저희는 이제 더 나은 내일을 위한 새로운 약속을 드리고자 합니다. 60대 이상의 우리 시민들을 위한, 맞춤형 노인 복지 정책을 소개합니다.

1. 건강한 삶을 위한 지원
건강검진 확대: 정기적인 건강검진을 통해 노년층의 건강을 세심하게 챙기겠습니다. 더 많은 검진 항목을 포함해 건강 문제를 조기에 발견하고 예방할 수 있도록 할 것입니다.
의료비 지원: 만성질환 및 장기 치료가 필요한 노인분들을 위해 의료비 부담을 줄이겠습니다. 처방약 및 치료비에 대한 지원을 확대해 안정적인 치료를 받을 수 있도록 지원하겠습니다.

2. 활기찬 노후 생활

노인 교육 프로그램: 평생학습의 기회를 제공해, 노년기에도 새로운 취미와 역량을 개발할 수 있는 다양한 교육 프로그램을 운영하겠습니다.

커뮤니티 활성화: 지역사회 내에서 활동할 수 있는 다양한 노인 커뮤니티를 지원하고 활성화시키겠습니다. 사회적 교류와 소속감을 느낄 수 있는 환경을 조성해, 활기찬 노후 생활을 도울 것입니다.

3. 안전한 생활 환경 보장

주거 안전 강화: 노년층의 주거 안전을 위해, 노후된 주거 시설의 개선과 보수를 지원하겠습니다. 안전하고 편안한 주거 환경을 제공하기 위해 노력하겠습니다.

비상 상황 대비: 노년층을 위한 긴급 호출 시스템과 같은 안전 대책을 강화해, 언제든지 필요할 때 신속한 도움을 받을 수 있도록 하겠습니다.

이러한 정책들은 여러분의 의견을 반영해 마련된 것들입니다. 저희는 여러분의 삶을 더욱 풍요롭고 안전하게 만들기 위해 최선을 다할 것입니다. 여러분의 지지와 참여가 저희에게 큰 힘이 됩니다. 함께 더 나은 내일을 만들어 나가요.

감사합니다.

이 내용은 노년층의 관심사와 필요성을 고려해 작성됐다. 물론 실제 선거 캠페인에 사용될 경우 지역사회의 특성과 구체적인 요구사항에 맞게 조정돼야 한다.

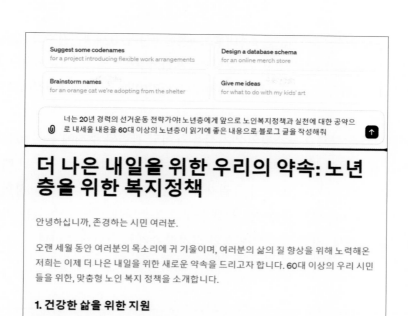

[그림9] 챗GPT에게 질문하고 답변받기

8. 검색키워드 활용하기

네이버는 대한민국의 최대 검색 엔진이다. 챗GPT를 활용해 '검색 황금 키워드'를 포함한 선거 활동 안내문과 제목 등의 아이디어를 얻을 수 있다. 대한민국에서 선거에 출마하는 후보자가 선거 캠페인과 관련된 온라인 활동을 위해 사용할 수 있는 중요한 이 키워드들은 후보자가 유권자들과의 연결을 강화하고, 캠페인 메시지를 효과적으로 전달하는 데 도움이 될 수 있다. 그리고 키워드를 포스팅 글에 태그해 검색 노출에 도움을 줄 수 있다.(태그는 30개까지 가능)

〈챗GPT가 알려주는 선거전략 키워드 모음〉

#대한민국정치 #후보자이름 #OO도, OO시, OO군, OO구, OO동의 이름 #지역구발전 #도시개발 #정치개혁 #교육개혁 #교육정책 #경제정책 #경제성장 #청년일자리 #청년정책 #고용안정 #환경정책 #재생에너지 #공공보건 #복지정책 #사회복지 #디지털혁신 #데이터보안 #국제관계 #안보정책 #문화진흥 #스포츠발전 #교통개선 #주거정책 #여성권리 #사회적

평등 #22대선거 #정당 #선거운동 #예비후보 #총선 #선거2024 #건강관리 #공정거래 #국가안보 #문화진흥 #기술혁신 #지속가능성 #국제협력 #소득불평등 #교통개선 #공공서비스 #국민건강 #사회적책임 #교육기회 #비전제시 #공약이행 #시민참여 #정책토론

이러한 키워드들은 블로그 포스팅의 가시성을 높이고 관련된 주제에 관심 있는 유권자들에게 도달하는 데 도움이 될 것이다. 또한 포스팅의 주제와 직접적으로 관련된 태그를 사용하는 것이 중요하다. 그리고 후보자가 유권자들의 관심사와 현재의 정치적·사회적 이슈들을 다루는 데 유용하다. 선거 캠페인을 위한 블로그 포스팅에 사용할 수 있는 키워드는 해당 선거, 후보자의 정책, 지역 문제, 일반적인 정치적 주제와 관련돼야 한다.

9. 여러 장의 사진과 15초 이상의 영상

사진과 영상에 키워드 글 쓰기, 선거운동 사진, 팬들과의 소통 사진, 지역 봉사 사진, 고민하는 사진 등을 담을 수 있다.

[그림10] 선거운동 사진(출처 : 윤호중 국회의원 블로그)

10. 상위노출 확인과 통계 확인(연령대와 시간대 확인)

2016년 6월부터 제공되는 통계에서는 오늘 실시간 지표부터 기존 제공되던 메뉴보다 상세히 데이터를 제공한다.

1) 방문 분석

블로그의 조회수, 순방문자수, 방문 횟수, 평균 방문 횟수, 재방문율을 바로 확인할 수 있다.

2) 사용자 분석

블로그 방문자들이 어떤 경로로 들어왔는지 유입 분석 정보를 확인할 수 있다. 시간대별 조회수, 성별·연령별·기기별 분포, 이웃 방문 현황, 이웃 증감 수, 이웃 증감 분석 정보를 확인할 수 있다.

3) 순 위

내 블로그 게시물을 조회수, 공감 수, 댓글 수 순위별로 조회할 수 있다. 블로그를 통해 유권자들의 반응과 행동 패턴을 분석할 수 있다. 방문자 수, 페이지 뷰, 공유 횟수 등의 데이터를 분석해 캠페인 전략을 조정하거나 개선할 수 있다.

11. 주제 글과 연관된 글 링크 걸기. 연속성, 블로그에 머무는 시간 늘리기

1) SEO 개선

검색 엔진 최적화(SEO)에서 내부 링크는 매우 중요하다. 관련된 내용의 링크를 포함함으로써 검색 엔진은 후보자의 블로그가 제공하는 콘텐츠의 범위와 깊이를 더 잘 이해할 수 있다. 이는 검색 결과에서 더 높은 순위를 얻는 데 도움이 된다.

2) 독자의 참여 증가

유권자들에게 관련된 추가 정보나 관련 토픽에 대한 링크를 제공함으로써 독자들이 블로그에 더 오래 머무르게 할 수 있다. 이는 유권자들의 참여를 높이고, 블로그에 대한 그들의 관심을 유지하는 데 도움이 된다.

3) 정보의 가치 제공

유권자들에게 추가 정보를 제공함으로써 후보자의 포스팅이 단순한 정보의 제공을 넘어 교육적이고 가치 있는 자원으로 여겨질 수 있다. 이는 독자의 신뢰와 충성도를 쌓는 데 기여할 수 있다.

4) 페이지 뷰 증가

내부 링크를 통해 유권자들이 다른 포스팅으로 이동하면 후보자 블로그 전체의 페이지 뷰가 증가한다. 이는 블로그의 전반적인 트래픽과 가시성을 향상시킬 수 있다.

5) 바운스율 감소

바운스율은 유권자가 후보자의 사이트에 들어와서 단 한 페이지만 보고 나가는 비율을 말한다. 관련된 내부 링크를 제공함으로써 유권자들이 더 많은 페이지를 방문하게 해 바운스율을 감소시킬 수 있다.

6) 콘텐츠의 연결성 강화

서로 관련된 포스팅을 연결함으로써 후보자의 블로그가 하나의 통합된 지식의 체계로 여겨질 수 있다. 이는 후보자의 전문성과 권위를 강화하는 데 도움이 될 수 있다.

이런 이유로 블로그 포스팅에 다른 포스팅의 링크를 포함하는 것은 매우 효과적인 전략이 될 수 있다.

12. 공감, 댓글 활용하기

유권자의 의견을 듣고, 그에 대응하는 것이 가능하다. 또한 유권자들과의 신뢰를 쌓는 데 도움이 된다. 유권자들의 피드백을 통해 캠페인 메시지의 효과를 평가하고, 필요한 조정을 할 수 있다. 또한 유권자들의 관심사와 우려 사항을 더 잘 이해하게 돼, 더욱 효과적인 정책 제안을 할 수 있다.

13. 의정활동 보고 글을 블로그에 입히자

선거일 90일 전까지 의정활동 보고 글을 블로그에 포스팅하는 것이 가능하다.

〈Tip. 4〉 선거운동에서 블로그를 활용할 때 주의해야 할 것

① 법적 규정 준수

대한민국 선거법과 관련 법규를 철저히 숙지하고 준수해야 한다. 선거 관련 광고, 콘텐츠 게시 시기, 후보자에 대한 언급 방식 등 선거법에서 정한 규정을 위반하지 않도록 주의해야 한다.

② 명예훼손 및 비방 주의

경쟁 후보나 다른 정당에 대한 비방이나 명예훼손성 내용을 피해야 한다. 객관적이고 사실에 기반한 정보 제공에 중점을 둬야 하며, 부정적인 선거운동은 법적 문제를 야기할 수 있다.

③ 개인정보 보호

유권자나 방문자들의 개인정보를 수집하거나 사용할 때는 개인정보 보호법을 준수해야 한다. 특히 댓글이나 피드백을 관리할 때 주의가 필요하다.

④ 정보의 정확성

제공하는 정보와 데이터가 정확하고 검증된 것인지 확실히 해야 한다. 잘못된 정보나 오해를 불러일으킬 수 있는 내용은 후보자의 신뢰성을 손상시킬 수 있다.

⑤ 콘텐츠의 적절성

블로그 콘텐츠는 적절하고 존중받는 언어 사용을 기반으로 해야 한다. 선정적이거나 불쾌감을 주는 내용은 피해야 한다.

⑥ 사이버 보안

블로그의 보안을 강화해 해킹이나 불법적인 접근으로부터 보호해야 한다. 또한, 댓글이나 사용자 참여 섹션에서의 부적절한 행위나 스팸을 방지하기 위한 조치가 필요하다.

⑦ 소셜 미디어 연동 주의

블로그와 연동되는 소셜 미디어 계정 관리에 주의가 필요하다. 소셜미디어에서의 발언이나 활동도 선거운동의 일부로 간주될 수 있으므로 일관성과 적절성을 유지해야 한다.

⑧ 책임 있는 소통

블로그를 통해 유권자와 소통할 때 책임 있는 태도와 존중하는 자세를 유지해야 한다. 유권자의 의견과 피드백에 대해 신중하고 적절하게 대응하는 것이 중요하다.

이러한 주의 사항들은 블로그를 통한 선거운동이 효과적이면서도 법적·윤리적 기준을 준수하도록 하는 게 중요하다.

이 책은 현대 선거 캠페인의 새로운 지평을 여는 중요한 요소에 주목하고 있다. AI를 활용한 블로그 마케팅이라는 선거 필승전략! 이 전략은 단순히 기술적인 혁신을 넘어서 유권자와의 깊은 연결을 구축하고 그들의 요구와 기대에 부응하는 방식으로 선거 캠페인을 혁신적으로 변화시킨다.

AI의 분석력과 블로그 마케팅의 창의성이 결합함으로써 후보자는 유권자들의 심리와 행동 패턴을 더욱 정교하게 이해하고 이를 바탕으로 맞춤형 캠페인 메시지를 개발할 수 있다. 이는 효과적인 커뮤니케이션과 강력한 유권자 참여를 이끌어 내는 핵심 요소가 된다.

이 책을 통해 독자 여러분이 선거전략의 새로운 차원을 경험하고 AI와 블로그 마케팅을 통해 선거 필승전략을 구축하는 데 필요한 지식과 기술을 얻기를 바란다. 변화하는 세상에서 선거 캠페인의 성공은 지속적인 학습, 적응, 혁신을 요구하는데 이 책이 그 여정에서 여러분의 길잡이가 되길 희망한다.

선거의 승리를 향한 여정은 여기서 끝나지 않는다. 이제 여러분의 창의력과 AI의 능력이 만나 선거 캠페인의 새로운 역사를 써 내려갈 차례이다.

행운을 빕니다!

2

시각적 설득의 기술,
선거 캠페인을 위한
포스터와 PPT 전략 가이드

김 금 란

제2장
시각적 설득의 기술, 선거 캠페인을 위한 포스터와 PPT 전략 가이드

Prologue

'시각적 설득의 기술, 선거 캠페인을 위한 포스터와 PPT 전략 가이드'는 급변하는 시대에 각별한 메시지를 전달하기 위한 기술을 이야기한다. 강력한 시각적 도구를 만드는 데 필요한 지식과 기술을 제공한다.

선거는 단순한 후보 간의 경쟁을 넘어 더 나은 미래를 향한 아이디어와 비전의 격전지다. 각 후보와 정당은 자신들의 철학과 정책을 유권자에게 전달하고, 사람들의 지지를 이끌어 내기 위해 노력한다. 이 과정에서 가장 중요한 역할을 하는 것은 바로 유권자들의 마음을 움직이는 시각적 커뮤니케이션이다.

포스터, PPT, 영상 등 다양한 시각 매체를 통해 후보의 메시지는 생명을 얻고, 유권자들에게 직접적으로 영향을 준다. 이 시각적 요소들은 단순한 정보 전달을 넘어 감정을 자극하고, 사람들의 생각과 행동에 영향을 미치는 강력한 힘을 갖고 있다. 그렇기에 선거에서 성공적인 커뮤니케이션을 위한 시각적 설계는 단순히 예술적인 과정이 아닌 전략적이고 심리적인 접근이 필요한 중요한 작업이다.

이번 파트에서는 두 가지 중요한 디자인 플랫폼, 미리캔버스와 감마 앱을 중심으로 풀어가고 있다. 미리캔버스는 사용자 친화적인 인터페이스와 다양한 템플릿을 제공해 누구나 쉽게 전문적인 포스터를 제작할 수 있는 도구다. 감마 앱은 AI를 활용한 강력한 프리젠테이션 제작 기능으로 바쁘게 돌아가는 선거기간 동안 빠르게 초안을 작성하고 당신의 메시지를 명확하고 설득력 있게 전달하는 PPT를 만드는 데 필수적인 도구다.

이 책을 통해 여러분은 선거 캠페인의 핵심 요소인 포스터와 PPT를 최근 적용된 AI기술을 이용한 제작법을 안내한다. 우리는 목표 설정부터 대상 분석, 디자인 요소의 선택과 구성, 실제 제작에 이르기까지 단계별로 실용적이고 체계적인 지침을 제공한다. 이는 시각적 설득의 미학과 전략적 접근 방법에 대해서도 다루기 때문이다. 또한 실전 페이지를 통해 인터페이스에서 어떻게 적용되는지를 보여줄 것이다.

선거 캠페인은 민주주의라는 거대하고 아름다운 꽃이다. 그 중심에는 강력한 시각적 메시지가 있다. 이 메시지는 단순한 글자와 이미지를 넘어 유권자의 마음을 움직이고 사회의 변화를 이끄는 원동력이 된다. '시각적 설득의 기술'은 이러한 변화를 일으키는 메시지를 창조하는 여정에 당신을 초대한다. 이 책은 여러분이 강력한 시각적 언어를 통해 복잡한 아이디어를 전달하고 유권자와의 깊은 감정적 연결을 구축하며 선거 캠페인을 성공으로 이끄는 방법을 소개할 것이다.

당신의 메시지가 유권자의 마음에 깊이 각인돼 단순한 투표 이상의 변화를 불러오는 강력한 시각적 설득력을 발휘하게 되기를 바란다. 선거 결과를 넘어 사회에 긍정적인 영향을 끼치는 당신의 이야기가 세상에 펼쳐지길 기대한다. 이 책은 당신이 그 목소리를 찾고 정제하며 가장 강력한 방식으로 전달할 수 있도록 돕는 데에 그 목적이 있다.

이제 당신의 이야기로 세상을 변화시킬 시간이 왔다. 캠페인이 성공적인 결과로 이어지고 궁극적으로 더 나은 미래를 향한 담대한 한 걸음이 되길 바라며….

1. 미리캔버스 기초

1) 플랫폼 소개

'미리캔버스'는 사용자 친화적인 디자인 플랫폼으로써 다양한 기능과 장점을 갖추고 있다. 미리캔버스의 다양한 도구와 기능을 상세히 소개하며 홍보 디자인에 어떻게 적극적으로 활용할 수 있는지에 대해 설명한다. 포스터, 소셜 미디어 그래픽, 초대장 등 다양한 디자인 작업을 위한 미리캔버스의 강력한 템플릿과 사용자 정의 가능성을 탐색하면서 당신이 이 플랫폼을 통해 창의력을 극대화할 수 있도록 구성돼 있다.

(1) 미리캔버스 회원가입

무료로 이용가능한 다양한 플랫폼이 많은 미리캔버스는 웹페이지로 크롬, 엣지 등에서 사용이 가능하다. 카카오, 네이버로 간편 가입하거나 이메일 또는 구글 아이디를 통해서도 가입이 매우 간편하다. 당신이 자주 쓰는 메일이나 메신저를 이용해 가입하면 된다.

[그림1] 미리캔버스 메인화면(출처 : 미리캔버스 홈페이지)

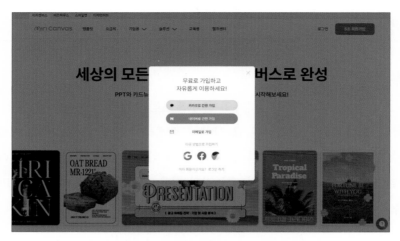

[그림2] 미리캔버스 회원가입(출처 : 미리캔버스 홈페이지)

(2) 템플릿 소개

미리캔버스는 포스터뿐만 아니라 온라인 선거 캠페인에 사용될 카드뉴스나 상세 페이지 및 PPT 등 디자인 양식이 다양하고 폭넓은 템플릿을 제공한다. 미리캔버스의 가장 좋은 점은 이곳에서 제작한 이미지대로 실물 홍보물로 제작할 수 있다. 연계된 업체로 소량 제작도 가능하다.

[그림3] 미리캔버스 템플릿 메인화면(출처 : 미리캔버스 홈페이지)

2) 디자인 기본원리

디자인의 세계는 깊이 있는 기본원리에 기반을 두고 있으며 특히 색상, 레이아웃, 타이포그래피는 디자인을 구성하는 필수 요소다. 이 섹션에서는 이 기본원리들을 이해하고 활용하는 방법 예시를 들어 자세히 설명하고자 한다.

(1) 색상 사용

① 색상 조화

선거 캠페인에서 색상은 단순한 미적 요소가 아니라 '후보자의 정체성'과 '메시지'를 전달하는 중요한 수단이다. 색상 휠을 이용해 상호 보완적인 색상(보색) 또는 비슷한 색상(유사색)을 선택함으로써, 후보자의 선거 포스터나 광고에서 눈에 띄는 대비를 만들어 내고 메시지의 중요성을 부각시킬 수 있다.

예를 들어 파란색과 오렌지색을 조화롭게 사용하면 진지함과 동시에 활력을 표현하며 유권자의 시선을 사로잡을 수 있다. 이처럼 적절한 색상 조화는 유권자에게 강렬하고 긍정적인 인상을 남겨 선거 캠페인의 효과를 극대화할 수 있다.

[그림4] 파랑과 오렌지가 들어간 포스터 템플릿(출처 : 미리캔버스 홈페이지)

② 색상 심리학

색상은 '유권자의 감정과 행동'에 깊은 영향을 미친다. 선거전략에서 색상 심리학을 이해하고 활용하는 것은 유권자들에게 특정한 감정을 불러일으키고 그들의 행동을 유도하는 데 매우 중요하다.

예를 들어 녹색은 성장, 환경, 평화와 같은 긍정적인 변화를 상징할 수 있어 지속가능성 또는 새로운 시작을 강조하려는 캠페인에 적합할 수 있다. 반면 빨간색은 열정, 행동, 긴급함을 나타내며 유권자들에게 긴박한 문제에 대한 인식을 높이고 행동을 촉구하는 데 사용될 수 있다. 후보자나 당의 가치와 정책을 상징하는 색상을 전략적으로 선택하고 사용함으로써 유권자의 마음에 깊은 인상을 남기고 선거 결과에 영향을 미칠 수 있다.

선거 캠페인에서 색상의 사용은 전략적이고 심리적인 고려가 필요한 복잡한 과정이다. 적절한 색상 조화와 심리학적 효과를 이해하고 활용함으로써 후보자는 유권자에게 자신의 메시지를 더 효과적으로 전달하고, 강력한 첫인상을 남기며, 선거에서의 성공 가능성을 높일 수 있다.

(2) 레이아웃 디자인
① 균형감

선거 캠페인 물질에서 균형 잡힌 레이아웃은 '정보를 명확하고 효과적으로 전달'하는 데 중요한 요소다. 이러한 레이아웃은 유권자의 신뢰를 얻고 전문성을 표현하는 데 도움이 된다.

예를 들어 대칭적 레이아웃은 안정감과 신뢰감을 줄 수 있으며 후보자의 신뢰성과 질서 정연한 이미지를 강조할 수 있다. 반면, 비대칭 레이아웃은 동적이고 혁신적인 느낌을 줄 수 있어 변화와 새로운 에너지를 상징하는 캠페인에 적합할 수 있다. 유권자의 시선을 자연스럽게 중요 정보로 인도하는 레이아웃 구성은 메시지의 전달력을 극대화하고 유권자의 참여를 이끌어 내는 데 중요한 역할을 한다.

[그림5] 균형 있는 레이아웃 포스터 템플릿(출처 : 미리캔버스 홈페이지)

② 시각적 흐름

유권자가 캠페인 물질을 볼 때 정보의 흐름을 자연스럽고 직관적으로 인지할 수 있도록 해야한다. 이를 위해 시각적 흐름을 고려한 레이아웃은 유권자의 시선을 가장 중요한 정보에서 시작해 자연스럽게 다른 정보로 이동하게 한다.

예를 들어 후보자의 사진이나 로고를 가장 눈에 띄는 위치에 배치하고, 그 주변으로 키 메시지나 공약을 배열함으로써 유권자의 주의를 체계적으로 이끌어낸다. 또한 정보의 우선순위에 따라 텍스트와 이미지의 크기 및 배열을 조정함으로써 유권자가 중요한 정보를 먼저 인지하고 캠페인의 메시지를 명확하게 이해할 수 있도록 한다.

선거 캠페인에서 효과적인 레이아웃은 단순한 미적 요소를 넘어 후보자의 메시지와 가치를 명확하고 강력하게 전달하는 전략적 도구임을 기억해야 한다. 균형 잡힌 구성과 시각적 흐름을 고려한 레이아웃을 통해 유권자는 후보자의 정보를 쉽게 이해하고 기억할 수 있으며 이는 궁극적으로 시각적인 자극이 중요한 유권자를 움직이는 중대한 영향을 미칠 수 있다.

(3) 타이포그래피

① 글꼴 선택

선거 캠페인에서 글꼴 선택은 '후보자의 정체성과 메시지를 효과적으로 전달'하는데 큰 영향을 준다. 메시지의 성격과 목표 오디언스를 고려해 적절한 글꼴을 선택함으로써 캠페인의 전체적인 톤과 분위기를 설정할 수 있다.

예를 들어 세리프 글꼴은 전통성, 신뢰성, 공식성을 강조하고자 할 때 적합하며 이는 역사적인 가치를 중시하거나 안정적인 변화를 약속하는 후보에게 적합할 수 있다. 반면, 산세리프 글꼴은 현대적, 젊은, 친근한 느낌을 주며 혁신적이고 진보적인 이미지를 전달하고자 할 때 사용될 수 있다. 후보의 이미지와 공약이 잘 반영된 글꼴 선택은 유권자에게 강렬하고 명확한 인상을 남기는 데 활용한다.

[그림6] 세리프와 산세리프 글씨체 로고 이미지(출처 : 미리캔버스 홈페이지)

② 계층화와 강조

캠페인 자료에서 정보 계층화는 유권자의 주의를 효과적으로 관리하고 중요한 메시지를 부각시키는 데 역할을 한다. 글꼴 크기, 스타일, 색상을 다양하게 활용해 계층을 만들고 가장 중요한 정보를 눈에 띄게 한다.

예를 들어 후보자의 이름이나 슬로건은 크고 굵은 글씨로 제목처럼 처리할 수 있으며 세부 공약이나 후보의 이력은 상대적으로 작은 글씨로 부제목 또는 본문처럼 처리한다. 이렇게 계층화된 정보는 유권자가 캠페인 자료를 볼 때 자연스럽게 가장 중요한 정보부터 순서대로 주목하게 만들어 메시지의 전달력을 극대화 하는데 사용한다. 또한 특정 단어나 문구를 다른 색상이나 볼드체로 강조함으로써 유권자의 주의를 끌고 특정 메시지를 강조할 수 있다.

선거 캠페인에서 타이포그래피의 전략적 활용은 후보의 메시지를 더욱 효과적으로 전달하고 유권자에게 강한 인상을 남겨 선거 결과에 긍정적인 영향을 준다. 글꼴 선택부터 정보의 계층화와 강조까지 모든 타이포그래피 요소는 후보의 정체성을 반영하고 유권자의 마음을 움직이는 효과를 갖고 있으니 신중하게 선택해야 한다.

3) 템플릿 활용법(기술적 접근 - 실습)
(1) 템플릿 선택 및 변형

템플릿 선택은 캠페인의 목적과 메시지에 따라 결정됩니다. 캠페인의 목적을 명확히 하고 대상 오디언스의 선호와 기대를 이해해야 한다. 미리캔버스에서 제공하는 다양한 템플릿 중에서 캠페인의 톤, 스타일, 색상 구성이 목적과 잘 맞는 것을 선택한다. 젊은 유권자들을 대상으로 한 활기찬 캠페인에는 밝고 생동감 있는 색상과 모던한 디자인의 템플릿이 적합할 수 있다. 반면, 전문성과 신뢰성을 강조하고 싶은 경우에는 더 고급스럽고 정제된 템플릿을 선택할 수 있다.

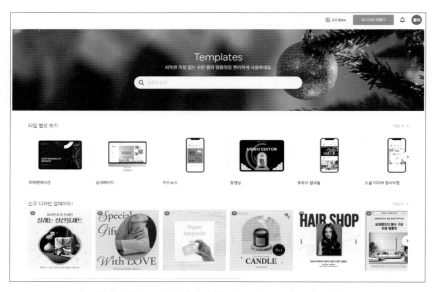

[그림7] 템플릿 검색페이지(출처 : 미리캔버스 홈페이지)

① 템플릿 색상 및 스타일 검색하기

[그림8] 템플릿 포스터 검색 화면(출처 : 미리캔버스 홈페이지)

② 템플릿 선택

[그림9] 원하는 템플릿 선택(출처 : 미리캔버스 홈페이지)

③ 템플릿 변형 - 후보자 전략과 어울리는 디자인 선택

선택한 템플릿은 캠페인의 고유한 메시지와 정체성을 반영하도록 개성 있게 변형할 필요가 있습니다. 이를 위해 색상, 폰트, 이미지, 레이아웃 등의 요소를 조정한다.

예를 들어 템플릿의 기본 색상을 후보자나 당의 상징 색상으로 변경하고 글꼴을 캠페인의 톤과 맞게 조정하면 된다. 또한 캠페인의 핵심 메시지나 이미지를 템플릿에 추가해 유권자에게보다 명확하고 강력한 메시지를 전달할 수 있도록 한다. 템플릿의 레이아웃을 조금씩 조정해 정보의 흐름과 시각적 계층을 최적화하고, 유권자의 주의를 가장 중요한 정보로 유도한다.

[그림10] 왼쪽 메뉴바를 통한 수정(출처 : 미리캔버스 홈페이지)

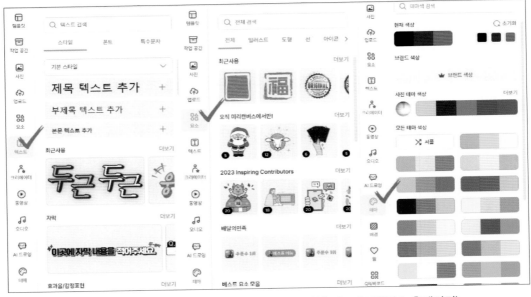

[그림11] 텍스트(글꼴), 요소, 테마 등 상세 수정(출처 : 미리캔버스 홈페이지)

(2) 효율적인 활용

템플릿을 활용하는 가장 큰 장점 중 하나는 시간과 노력을 절약할 수 있다는 것이다. 일관성 있는 디자인을 유지하면서도 빠르게 다양한 홍보물을 제작할 수 있다. 템플릿을 기반으로 여러 버전의 포스터, 소셜 미디어 그래픽, 브로셔 등을 사이즈 별로 제작해 캠페인의 다양한 단계와 채널에 맞게 활용할 수 있다.

이 과정에서 템플릿의 유연성을 최대한 활용해 각 홍보물이 특정 상황과 대상 오디언스에 맞게 조정하도록 하면 된다. 또한 제작된 홍보물들이 전체적으로 일관된 스타일과 메시지를 유지하도록 주의해 캠페인의 전문성과 신뢰성을 강화한다. 마지막으로 미리캔버스는 자체 연결로 실물 홍보물 제작까지 바로 가능하기에 소량의 홍보물을 주문하는데도 매우 유용하다.

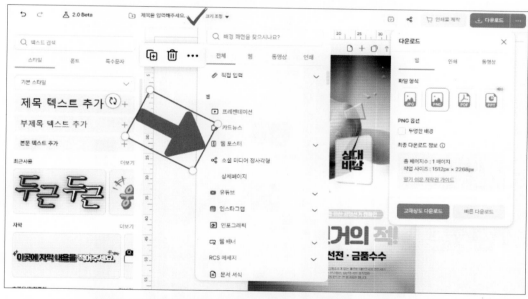

[그림12] 용도에 맞는 사이즈 별 변경(출처 : 미리캔버스 홈페이지)

[그림13] 용도에 맞는 파일 형식 변경(출처 : 미리캔버스 홈페이지)

[그림14] 실물 홍보인쇄물 제작(출처 : 미리캔버스 홈페이지)

이러한 기술적 접근을 통해 미리캔버스의 템플릿을 활용해 효과적이고 효율적인 선거 캠페인 홍보물을 제작할 수 있다. 다양한 템플릿을 전략적으로 선택하고 개성 있게 변형하며 효율적으로 활용함으로써 후보자의 메시지를 강력하게 전달하고 유권자의 주의를 사로잡는 홍보물을 완성할 수 있으니 도구를 효과적으로 사용해야 한다.

2. 홍보 포스터 디자인 실전

1) 목표 설정 및 대상 분석

홍보 포스터 디자인을 시작하기 전에 선거 캠페인의 핵심 목표를 명확히 설정해야 긍정적인 효과를 본다. 이 목표는 포스터의 메시지, 스타일, 타겟 오디언스에 영향을 미친다. 예를 들어 유권자 동원, 정책 홍보, 후보 이미지 구축 등 다양한 목표를 설정할 수 있으며, 각각의 목표에 따라 다른 디자인 전략이 필요하다.

대상 분석은 포스터가 말하고자 하는 유권자 그룹을 이해하는 과정이다. 연령, 성별, 지역, 교육 수준, 정치적 성향 등 다양한 인구 통계학적 특성과 문화적 배경을 고려해 대상 오디언스의 관심사와 가치를 파악한다. 이 정보는 포스터의 시각적 요소와 메시지를 어떻게 구성할지 결정하는 데 중요한 기준이 된다.

적용예시는 다음과 같다.

① **메시지** : 당신의 한 표가 미래를 바꿉니다! 투표로 목소리를 내세요.
② **스타일** : 밝은 색상과 대담한 그래픽을 사용해 에너지와 젊음을 표현합니다. 또한 인플루언서나 젊은 유명 인사의 이미지를 사용해 더욱 눈길을 끌 수 있습니다.
③ **타겟 오디언스 고려** : 포스터에는 교육, 취업, 환경과 같이 젊은 유권자들이 관심을 가질만한 이슈를 시각적으로 표현하고 투표의 중요성을 강조하는 통계나 인용구를 포함시킵니다.
④ **분배 전략** : 포스터는 소셜 미디어, 대학교 캠퍼스, 청년 커뮤니티 센터 등 젊은 유권자들이 자주 방문하는 장소에 배치돼야 합니다.

[그림15] 챗GPT를 활용한 목표 설정 및 대상 분석 예시(출처 : 김금란의 챗GPT4)

2) 디자인 요소 및 구성

홍보 포스터를 디자인할 때 고려해야 할 주요 요소는 색상, 이미지, 텍스트, 레이아웃이다. 각 요소는 캠페인의 메시지와 감정적 톤을 전달하는 데 중요한 역할을 한다.

(1) 색상

선거 캠페인 포스터에서 색상은 후보나 정당의 정체성을 반영하고 유권자의 감정을 자극하는 강력한 수단이다.

예를 들어 파란색은 종종 안정성과 신뢰를, 빨간색은 열정과 행동을 촉구하는 데 사용된다. 색상을 선택할 때는 캠페인 메시지의 톤과 감정을 고려하며, 대상 오디언스에게 어떤 심리적 반응을 유도하고 싶은지를 생각 후 선택한다. 색상의 조화는 포스터에 균형과 시각적 흥미를 추가해 메시지를 더욱 강조하고 유권자의 주의를 끌 수 있다.

(2) 이미지

이미지는 복잡한 아이디어나 감정을 빠르게 전달하는 데 매우 효과적이다. 선거 캠페인 포스터에서 후보자의 사진은 신뢰와 친밀감을 생성할 수 있으며 표정과 자세를 통해 리더십과 친근함을 전달할 수 있다. 상징적인 그래픽이나 이미지는 후보의 정책, 가치, 캠페인의 핵심 메시지를 시각적으로 표현한다.

예를 들어 평화를 상징하는 비둘기, 성장을 상징하는 녹색 식물 등이 있다. 이미지 선택은 캠페인 메시지와 긴밀하게 연관돼야 하며, 명확하고 긍정적인 인상을 주어야 한다.

(3) 텍스트

텍스트는 포스터의 핵심 메시지를 전달하는 데 역할을 한다. 강력하고 기억에 남는 슬로건은 유권자의 관심을 끌고 캠페인의 주제를 간결하게 전달한다. 메시지는 명확하고 간결해야 하며, 행동을 촉구하는 호출문구(Call-to-Action)를 포함할 수 있다.

예를 들어 '투표로 변화를 만드세요!' 또는 '당신의 한 표가 미래를 결정합니다!'와 같은 문구는 유권자의 참여를 유도하도록 만든다. 텍스트의 글꼴, 크기, 색상도 전달하고자 하는 메시지의 감정과 톤을 강화하는 데 사용한다.

(4) 레이아웃

포스터의 레이아웃은 시각적 요소의 배치와 조화로써 정보의 흐름과 강조점을 결정한다. 중요한 정보는 눈에 띄는 위치에 배치하고 시각적 계층을 통해 유권자의 시선을 자연스럽게 이끌어낸다. 레이아웃은 포스터의 전체적인 균형과 조화를 고려해야 하며 각 요소가 서로 지지하고 강조할 수 있도록 설계하는 것이 좋다.

예를 들어 후보자의 사진은 포스터의 중앙에 배치해 주목받게 하고 주변에는 정책 메시지나 슬로건을 배열해 정보를 차례대로 소개하면 가독력이 좋다.

이러한 디자인 요소와 구성은 선거 캠페인 포스터의 효과적인 커뮤니케이션을 위해 잘 선택할 필요가 있다. 적절한 색상, 이미지, 텍스트, 레이아웃을 통해 포스터는 강력하고 설득력 있는 메시지를 전달하며, 유권자의 관심을 끌고 행동을 유도할 수 있다. 이러한 접근은 포스터가 목표 오디언스에게 효과적으로 다가가고, 원하는 반응을 이끌어내는 데 중요한 역할을 한다.

3) 실습 과정

미리캔버스에서는 템플릿을 비롯한 디자인 도구를 사용해 앞서 설정한 목표와 대상 분석에 기반한 디자인 요소와 구성을 실제 포스터에 적용해 제작한다. 이 과정에서 여러 디자인 초안을 만들어 보고 팀원들에게 피드백을 받으며 최종 포스터를 완성한다. 실습은 디자인의 이론적 지식을 실제 적용하는 데 중요한 단계이며 반복적인 연습을 통해 디자인 능력을 향상시킬 수 있다.

(1) 목표와 대상에 기반한 초안 제작

① **목표 반영** : 선거 캠페인의 주요 목표를 이해하고 이를 메시지와 스타일에 반영한다.
② **대상 분석 적용** : 대상 오디언스의 특성을 분석하고 이를 디자인 요소에 적용한다.
③ **초안 스케치** : 미리캔버스의 템플릿을 활용해 다양한 아이디어를 시각화하고 가장 적합한 구성을 선택한다.

(2) 디자인 요소의 적용과 구성

① **색상과 이미지** : 캠페인의 성격과 오디언스를 고려해 색상과 이미지를 선택하고 조화롭게 구성한다.
② **텍스트 구성** : 명확하고 강조된 메시지를 전달하기 위한 텍스트를 구성한다.
③ **레이아웃 조정** : 중요 정보가 눈에 띄도록 레이아웃을 조정하고, 시각적 계층을 통해 유권자의 시선을 이끈다.

(3) 피드백과 개선

① **피드백 수집** : 완성된 초안을 대상 오디언스나 팀원에게 보여주고 피드백을 받는다.
② **수정 및 반복** : 받은 피드백을 바탕으로 디자인을 수정하고, 최종 디자인을 완성한다.

(4) 최종 포스터 완성

① **최종 검토** : 모든 디자인 요소가 목표와 일치하는지 확인하고 최종적으로 검토한다.

② **제작 및 배포** : 최종 포스터를 제작하고 적절한 채널을 통해 배포한다.

이러한 실습 과정은 이론을 실제적인 홍보 포스터 디자인 작업으로 전환하는 데 필수적이며 창의적이고 효과적인 선거 캠페인을 위한 기술을 제공한다. 반복적인 연습과 지속적인 피드백을 통해 디자인 능력을 향상시키며 실제 선거 캠페인에서 차별화된 홍보물 만들기 위해 필요한 지침을 제공한다.

3. 선거전략 PPT 제작 및 실습: 감마앱과 파워포인트 활용

1) 감마 앱이란?(Gamma App)

감마 앱은 AI를 활용한 프리젠테이션의 요구사항을 충족시키는 인공지능 툴로써 사용자 친화적인 인터페이스와 함께 다양한 템플릿, 동적인 요소 삽입 기능, 인터랙티브한 디자인 요소 등을 제공한다.

이 앱은 사용자가 전문가 수준의 프리젠테이션을 주제어만 제시하면 프리젠테이션을 자동으로 제작할 수 있게 도와준다. 특히 연설, 회의, 교육과 같은 다양한 상황에서 강력하고 명확한 메시지 전달을 가능하도록 초안을 신속하게 제작한다.

감마 앱의 이러한 기능은 연설 PPT 제작에 있어 중요한 역할을 하며 사용자가 더욱 창의적이고 효과적인 프리젠테이션을 만들 수 있게 도구로써 훌륭한 역할을 한다.

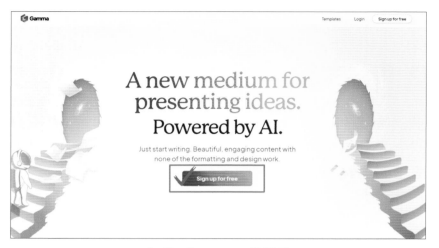

[그림16] Gamma 메인화면

2) 감마앱을 활용한 초안 작성

(1) 감마 앱 회원가입 및 기능 이해

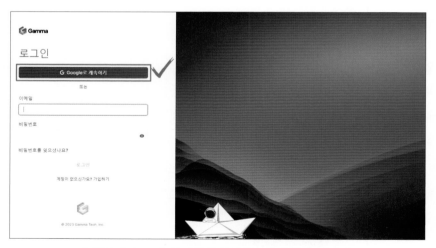

[그림17] Google로 가입하기(출처 : 감마 앱 홈페이지)

① 초안 작성 전략

연설의 목적과 메시지에 맞는 PPT 초안을 구성하는 방법을 안내하며 슬라이드가 전달할 핵심 포인트 설정과 주요 테마 도출을 포함한다.

② 감마 앱 특화 기능 활용

개요수정, 테마 선택, 사진 및 그래픽 수정 등 감마 앱의 특화된 기능을 활용해 창의적이고 전문적인 PPT 초안 만드는 실습을 진행한다.

[그림18] Google로 가입 후 초기화면(출처 : 김금란의 감마 앱 메인화면)

(2) 새로 만들기(AI) 또는 New(AI) 클릭하기

① 로그인 메인화면에서 '새로 만들기' 버튼을 클릭한다.

[그림19] 새로 만들기 영어 버전 New(출처 : 김금란의 감마 앱)

② 파일종류 선택하기

생성 아이콘을 눌러 AI로 주제가 되는 프롬프트로 초안을 완성한다. 기본적으로 프레젠테이션 파일 형식으로 생성한다. 문서와 웹페이지 생성 시에는 아이콘을 클릭해 변경해 준다.

[그림20] 생성 영어버전 produce(출처 : 김금란의 감마 앱)

(3) 주제 설정하기

여기서부터 결과물을 좋게 뽑아내기 위해서는 프롬프트가 중요하다.

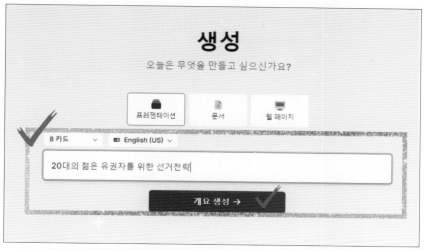

[그림21] 원하는 분량과 언어 및 주제 입력(출처 : 김금란의 감마 앱)

생성형 AI의 경우는 질문(프롬프트)이 굉장히 중요하다. 프롬프트가 얼마나 좋으냐에 따라 결과물도 달라지기 때문이다. 다음의 내용대로 주제를 설정하면 만족스러운 초안 결과를 얻을 수 있다.

① 카드 장수(슬라이드 수)
② 언어(한국어)
③ 구체적인 대상자 선정과 상황설정
④ 뚜렷한 목적 제시

(4) 개요 선택 및 수정

입력한 프롬프트에 따른 개요(윤곽선)를 보고 카드를 선택하거나 개별적인 목록의 내용을 수정할 수 있다. 또는 주제 프롬프트를 변경해 마음에 드는 개요를 선택할 수 있다. 주의할 점은 해당 페이지에서 수정 시 크레딧이 소모되지 않지만 계속을 누른 후 수정하거나 다시 생성할 시에는 크레딧이 사용되기 때문에 자동으로 슬라이드를 생성하기 전까지 개요까지 신중하게 선택해 제작한다.

[그림22] 생성 프롬프트 관련 개요(윤곽선) 도출(출처 : 김금란의 감마 앱)

(5) AI로 PPT 생성하기

사용할 개요가 도출되면 생성 버튼을 누른다. 이후 테마를 선택해 나만의 자료 분위기를 만들어 낸다. 이후 내용은 자동으로 생성된다.

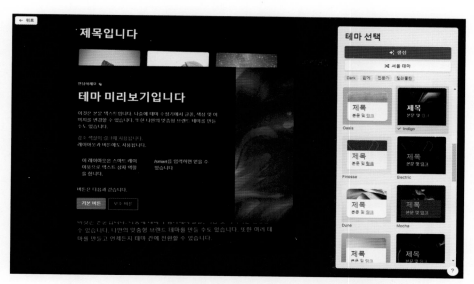

[그림23] 테마 디자인 선택(출처 : 김금란의 감마 앱)

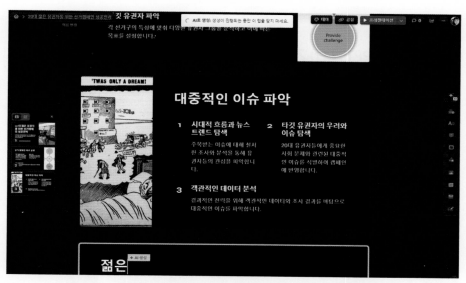

[그림24] 결과 슬라이드 작성 도출 중(출처 : 김금란의 감마 앱)

위 그림에서 보는 바와 같이 AI가 내용과 사진 등을 자동으로 작성한다. 총 8장의 슬라이드가 만들어진다. 주제 프롬프트를 입력하고 단 1분 만에 프레젠테이션 초안을 완성해 주는 감마 앱이다.

[그림25] 생성된 결과물 확인하기(출처 : 김금란의 감마 앱)

(6) 생성된 결과물(PPT 초안) 저장하기

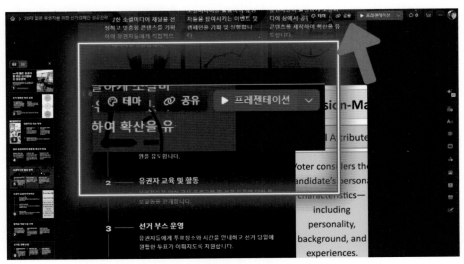

[그림26] 생성된 결과물 저장하기 공유(출처 : 김금란의 감마 앱)

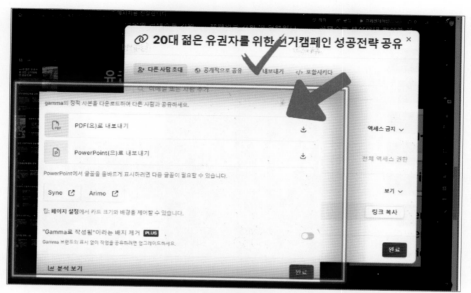

[그림27] 생성된 결과물 저장하기, 내보내기 파워포인트로(출처 : 김금란의 감마 앱)

3) 파워포인트 활용 PPT 자료 최종 수정

(1) 내용구성 전략

① 메시지 정의

각 슬라이드에 전달할 핵심 메시지를 명확하게 한다.

② 주제 전환 처리

파워포인트의 전환 효과를 활용해 주제 간의 부드러운 전환을 제공한다.

③ 중요 정보 강조

텍스트 강조 기능을 활용해 핵심 정보를 눈에 띄게 변경한다.

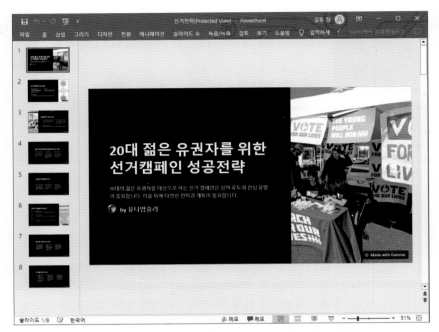

[그림28] 파워포인트로 내용구성 수정(파워포인트 화면)

(2) 실전 디자인 및 구성 실습

① 템플릿 선택과 조정

캠페인의 목적과 톤에 맞게 파워포인트 템플릿을 선택하고 조정한다.

② 인터랙티브 요소 적용

애니메이션과 하이퍼링크를 활용해 프리젠테이션에 생동감 더하기 한다.

③ 실제 PPT 제작

감마 앱에서 초안 작성 후 검토와 개선을 거쳐 최종 프리젠테이션을 완성한다.

4) 프리젠테이션 완성

(1) 발표 연습 (챗GPT로 작성한 선거 캠페인 연설문 활용)

① 연설문 이해와 연습

챗GPT 또는 뤼튼과 같은 텍스트 기반 AI로 작성된 선거 캠페인 연설문을 완벽히 이해하고 메시지의 각 부분에 대한 자세, 표정, 목소리 톤을 조절하면서 연습한다. 특히 정책 설명, 비전 제시, 유권자 동기부여 부분에서 감정과 강조점을 잘 전달하는 것이 중요하다.

② 타이밍 조절과 연결성

연설문과 PPT의 내용이 청중에게 자연스럽게 흘러가도록 슬라이드 전환과 연설 타이밍을 조율한다. 선거 캠페인의 핵심 메시지와 주제를 강조하는 부분에서는 특히 주의 깊게 호흡을 연습한다.

(2) 피드백과 수정

① 모의 선거 캠페인 연설

캠페인 팀이나 지지자 그룹 앞에서 모의 연설을 진행하고, 피드백을 수집한다. 피드백은 연설의 내용, 전달 방식, 비주얼 에이드의 효과성 등을 포함해야 한다.

② 연설과 PPT의 수정

모의 연설에서 얻은 피드백을 바탕으로 연설문과 PPT를 수정하고 필요한 경우 챗GPT를 활용해 연설문의 특정 부분을 다시 작성하거나 개선할 수 있다.

(3) 최종 점검

① 기술적 준비와 숙지

연설에 사용될 모든 기술적 장비를 점검하고 연설문과 PPT의 내용을 숙지하고 모든 내용이 유권자에게 명확하고 설득력 있게 전달될 수 있도록 마지막 점검을 진행한다.

② 자신감과 마인드셋 조정

연설 전 긴장을 완화하고 최상의 상태로 준비한다. 긍정적인 자기 대화, 호흡 운동, 몸 상태 조절 등을 통해 발표자의 자신감을 높이는 환경으로 만든다.

Epilogue

이번 파트를 통해 우리는 강력한 선거 캠페인을 위한 다양한 전략과 도구의 활용법을 함께 배웠다. 미리캔버스와 파워포인트, 챗GPT와 같은 현대 기술을 활용한 홍보물 제작부터 효과적인 연설의 구성과 실습까지 선거 캠페인의 시각적 설득력 과정을 거쳤다.

우리는 선거 캠페인이 단순히 후보자를 알리는 활동이 아니라 유권자와의 소통, 아이디어와 비전의 공유, 사회 변화를 향한 첫걸음임을 인식하게 된다. 각 장에서 제시된 구체적인 전략과 실습 방법은 이러한 목표를 달성하기 위한 실질적인 도구로써 선거 캠페인의 성공을 위해 필요한 실용적인 지침을 제공했다.

색상의 선택에서부터 메시지 구성, 디자인의 구성, 발표 연습에 이르기까지 모든 과정에서 당신이 전문가처럼 생각하고 창의적으로 행동하는 법을 안내했다. 특히 감마 앱과 같은 현대적 생성형 AI 도구를 활용한 연설 PPT 제작은 메시지의 전달을 더욱 효과적으로 만들고 유권자와의 연결을 강화하는 방법을 제시했다.

하지만 이 모든 지식과 기술은 실제로 적용될 때 가장 강력해진다. 이 책의 최종적인 마지막 페이지를 넘기는 순간 당신은 이미 선거 캠페인을 위한 강력한 도구와 지식을 손에 넣게 된다. 이제 남은 것은 당신이 이를 어떻게 활용해 유권자와의 교감을 구축하고 사회에 긍정적인 변화를 만들어 갈지 행동하는 것만 남았다.

선거는 민주주의의 꽃이라고 할 수 있다. 당신의 노력과 창의력으로 피워낼 이 꽃은 사회에 긍정적인 변화를 가져오고 더 나은 미래를 만들어 가는 데 중요한 역할을 할 것이니 당신의 이야기와 비전을 효과적으로 전달하고 선거 캠페인의 성공으로 이끌 여정에 이 파트가 동반자가 되기를 바란다.

당신의 메시지가 유권자의 마음속에 깊은 울림을 주고 선거의 결과에 긍정적인 변화를 가져올 강력한 시각적 설득력을 발휘하기를 바란다. 이제 당신이 가진 이야기와 비전으로 세상을 아름답게 변화시킬 때다. 당신의 캠페인이 성공의 길로 이어지며, 더욱 밝고 희망찬 미래를 위한 담대한 시작이 되기를 진심으로 기원한다.

3

유권자의 마음을
잡는 카드뉴스

고 미 정

제3장
유권자의 마음을 잡는 카드뉴스

Prologue

카드뉴스의 힘 : 시각적 스토리텔링의 중요성

디지털 시대에는 정보의 큰 바다에서 눈에 띄는 것이 중요하다. 카드뉴스는 정보를 시각적으로 재구성해 메시지를 간결하고 명확하게 전달하는 '시각적 스토리텔링'의 한 형태이다. 복잡한 내용을 빠르게 소화할 수 있게 해주며, 소셜 미디어에서의 공유를 촉진한다.

선거 캠페인은 유권자들에게 정치적 메시지를 전달하고 지지를 호소하는 활동이다. 카드뉴스는 유권자에게 직접적으로 다가갈 수 있는 장점이 있으며, 후보의 정책과 비전을 효과적으로 전달하는 도구로 활용된다. 특히 젊은 세대에게 더없이 친숙하다.

본 장의 목표는 템플릿이 제공되는 '캔바'와 '망고보드'라는 도구를 사용해 유권자들의 관심을 끌고, 선거 캠페인에 긍정적인 영향을 미칠 수 있는 '카드뉴스'를 제작하는 방법을 소개하고자 한다. 이 책을 통해 배운 지식과 기술을 실제 선거 캠페인에 적용한다면 유권자들과의 소통을 강화하고 좋은 결과를 얻을 수 있을 것이다.

1. 카드뉴스란?

1) 카드뉴스의 정의

'카드뉴스'는 전달하고자 하는 정보를 큐레이션 해 간결한 텍스트와 여러 장의 이미지를 결합해 만든 '뉴스 포맷'이다. 이러한 형식은 독자들에게 긴 문장이나 복잡한 내용을 피해 간단하고 쉽게 시각적으로 정보를 전달한다. 주로 온라인 뉴스나 모바일 애플리케이션, 소셜 미디어 플랫폼에서 사용이 된다.

카드뉴스의 역사는 짧지만 2010년대 중반부터 현재까지 큰 인기를 얻고 있다. 이러한 형식은 사진, 그래픽, 일러스트 등 다양한 시각적 요소를 활용해 정보를 전달하는 데 초점을 맞추고 있다. 카드뉴스는 빠른 속도로 정보를 소화하고자 하는 현대인들에게 최적화돼 있다.

카드뉴스는 다양한 주제로 정치, 사회, 경제, 문화, 연예 등 여러 분야에서 활용된다. 간결하게 전달하면서도 시각적으로 흥미로운 내용을 제공하기 때문에 언론사뿐만 아니라 주요 정부기관에서도 주기적으로 카드뉴스를 발행해 국민들에게 필요한 정보를 제공하고 있다.

2) 카드뉴스 유형

카드뉴스는 전달하려는 내용을 어떻게 구성하느냐에 따라 크게 나열형, 스토리텔링형, 웹툰형 3가지로 나눌 수 있다.

(1) 나열형(정보형) 카드뉴스

나열형은 카드뉴스의 가장 보편적인 유형으로 전달하고자 내용을 순서대로 작성한다.
'도입-정보(1)-정보(2)- ... -정보(n)-정리'의 형태로 전달하고자 하는 정보를 쉽게 요약해 순서대로 나열한다.

- 선거캠프 예시 : 후보자 경력 카드뉴스
- 제목 : 후보자의 길, 10년의 정치 경력

• 내용 : 후보자의 주요 정책 경험, 공로, 성과 등을 그래픽과 함께 시각적으로 표현한다.

(2) 스토리텔링형 카드뉴스

자연스럽게 이야기하듯 콘텐츠를 전달하는 유형이다. 재미, 감동, 흥미등의 요소를 적절히 배치해 대화하듯이 문구를 작성한다. 계획된 구성과 스토리텔링으로 독자들에게 감동이나 공감을 주기 때문에 나열형보다 전달효과가 높다. 이야기가 고조되는 마지막 페이지에서 블로그나 유튜브로 유도한다.

• 선거캠프 예시: 후보자 인간 스토리 카드뉴스
• 제목 : 후보자의 소소한 일상, 당신과 같은 이웃
• 내용 : 후보자의 인간적인 모습을 스토리로 풀어내어 공감을 이끌어 낸다.

(3) 3웹툰형 카드뉴스

이미지와 스토리가 결합 된 유형이다. 드로잉과 디자인 테크닉이 동시에 필요해, 일반인이 직접 제작하기엔 어려움이 있으나 흥미를 즉각적으로 이끌고 가독성이 높다.

3) 카드뉴스 제작 순서

카드뉴스를 제작하는 순서는 다음과 같다.

(1) 주제 선택

선거 관련된 특정 주제나 이슈를 선택하거나 후보자의 프로필이나 정책을 다룬다.

(2) 정보 수집

선택한 주제에 대한 정보 수집 단계로 후보자의 프로필, 정책 내용, 선거 경과 등에 대한 자료와 사진, 그래프, 통계로 활용할 수 있는 자료를 수집한다.

(3) 구성 및 디자인

수집한 정보를 기반으로 어떤 내용을 어떤 순서로 나타낼지 결정하고 각 카드에 들어갈 이미지와 텍스트를 선택한다. 시각적으로 간결하고 명확하게 전달될 수 있도록 디자인한다.

(4) 편집 및 작성

구성과 디자인을 바탕으로 실제 카드뉴스를 편집하고 작성한다.

(5) 검토 및 수정

작성한 카드뉴스를 검토하고 필요한 수정을 진행한다. 내용의 정확성과 일관성을 확인하고 시각적인 디자인과 텍스트의 표현을 조정한다.

(6) 배포 및 공유

최종적으로 제작한 카드뉴스를 배포하고 공유한다. 웹사이트, 블로그, 소셜미디어 등 다양한 플랫폼을 활용해 카드뉴스를 게시하고 홍보한다.

4) 사이즈와 도구

일반적으로 카드뉴스는 모바일 기기나 웹 페이지에서 편리하게 볼 수 있는 형식으로 제작되며 다양한 크기와 비율을 적용할 수 있다. 카드뉴스의 사이즈는 보통 가로 너비가 좁은 형태로 제작되며 모바일 화면에 맞춰진 가로 폭을 가진다.

카드뉴스를 제작하는 도구는 다양하게 있다. 일반적으로 디자인 소프트웨어나 이미지 편집 도구를 사용해 시각적인 요소를 제작하고 텍스트 편집 도구를 사용해 내용을 작성한다. 인기 있는 디자인 도구로는 Adobe Photoshop, Illustrator, Canva, 망고보드 등이 있으며 이들 도구를 사용하면 다양한 그래픽 요소를 자유롭게 조합해 카드뉴스를 디자인할 수 있다.

또한 웹 기반의 템플릿 제작 도구를 활용해 간편하게 카드뉴스를 제작할 수도 있으며 Canva, 미리캔버스, 망고보드, 타일 등이 이러한 도구에 속한다.

5) 가독성이 좋은 카드뉴스 만들기
(1) 카드뉴스 내용

페이스북 알고리즘에 의하면 '공유하기'가 도달 효과가 좋은데 카드뉴스에 정보, 재미, 감동 셋 중 한 가지 이상이 포함되면 공유 확률이 높다.

(2) 기본 구성

카드뉴스는 표지 1장, 본문 8장, 마지막 장 1장으로 구성하는 게 적당하다. KT경제경영 연구소에 따르면 20대가 생각하는 적정 텍스트의 문단은 14.4문단 약 30줄, 적정 사진 콘텐츠는 10장이라고 한다. 그래픽 같은 시각물과 텍스트로 이뤄진 인포그래픽은 9.3장을 넘어가면 지루함을 느낀다고 한다.

표지는 시각적으로 흥미를 유발하는 디자인과 타이틀이 중요하다. 독자들이 타임라인에서 카드뉴스를 볼 때 2초 안에 콘텐츠를 볼 것인지 여부를 결정한다. 보통 표지는 8개 이하의 단어로 압축해서 타이틀을 정하면 좋다. 표지는 카드뉴스의 주제를 보여주는 메인 타이틀, 서브 타이틀, 배경 이미지로 구성한다. 타이틀이 잘 부각될 수 있도록 깔끔한 이미지를 선택한다. 본문은 카드뉴스의 내용을 담고 있는 페이지이며, 제목, 내용, 배경 이미지 등으로 구성한다. 마지막 장은 기업, 브랜드를 알릴 수 있는 홍보 문구, 전달하고자 하는 메시지, 관련 내용을 더 읽을 수 있는 사이트 안내로 마무리한다.

(3) 폰트 선택

가독성을 높이기 위해서는 한 카드뉴스에는 3개 이내의 폰트를 사용하고, 선명하고 읽기 쉬운 굵은 글씨체를 선택한다. 일반적으로 고딕/돋움체는 신뢰를 주고, 명조/바탕체는 감성을 전달하기에 좋은 글씨체다. 무료 폰트로 나눔고딕/Extra bold, Notosans Bold, 나눔명조/Extra bold 등이 카드뉴스에 좋다.

(4) 레이아웃

카드뉴스의 레이아웃은 정보 전달에 큰 영향을 미친다. 제목 페이지와 내용 페이지에 일관된 구성 요소와 배치를 유지하고, 적절한 여백을 활용해 텍스트와 이미지가 혼재하지 않도록 한다.

예를 들어 주요 내용을 큰 제목으로 표시하고 그 아래에는 간결한 요약문과 함께 이미지를 배치한다. 추가정보는 작은 텍스트로 나타내어 시선을 흩뜨리지 않고 읽기 쉽게 구성하는데, 이러한 계층적인 배치는 사용자가 카드뉴스를 쉽게 스캔하도록 한다. 텍스트 정렬은 왼쪽 정렬이 기본이다.

(5) 내용과 관련된 이미지 및 일러스트

제작 시 다양한 이미지와 일러스트를 활용해 내용을 풍부하게 표현하는 것이 중요하다. 사진, 그림, 그래픽 등을 조합해 독자의 시각적 흥미를 유발시킨다. 이미지나 일러스트를 사용할 때에는 반드시 저작권을 확인하고, 출처를 명시해야 한다. 무단으로 이미지를 사용하는 것은 법적 문제를 야기할 수 있으므로, 저작권이 자유로운 퍼블릭 도메인(public domain)을 사용하는 것이 좋다. 퍼블릭 도메인이란 누구든지 저작권자의 허락 없이 저작물을 이용할 수 있는 영역에 있는 저작물로, 예를 들면, 저작권의 보호기간이 만료되거나 저작권자가 자신의 저작권을 포기한 경우 등이다(https://pixabay.com/, https://publicdomainvectors.org/ko/).

(6) 색상 대비

위박스 브랜딩 '이랑주' 대표에 의하면 '인간은 외부 정보 중 87%를 시각 정보에 의존하며, 이중 색은 60% 이상을 차지하는 최고의 비주얼 커뮤니케이션 요소'라고 한다. 카드뉴스의 본질은 시각이기 때문에, 텍스트와 배경의 색상 대비는 가독성을 높이는데 아주 중요하다. 텍스트와 배경의 색상을 선택할 때, 명확한 대비를 갖도록 해야 한다.

예를 들어 온라인 환경은 흰색 배경이므로 검은색 글자를 사용하거나, 검은색 배경에 흰색 글자를 사용하는 것이 가독성을 향상시킨다.

어도비의 한 연구 결과에 의하면 페이스북에서 독자들의 가장 반응이 좋은 색상은 보라색이고, 그다음이 노란색이라고 한다. 유명한 마케팅 전문가 세스 고딘의 '보랏빛 소가 온다'의 제목에서 '보랏빛 소'는 메타포로 일상적인 것에서 벗어나 눈에 띄고 기억에 남는 것을 의미한다. 이 점을 참고하면 카드뉴스 제작 시에도 눈에 띄고 기억에 오래 남을 수 있는 색상 선택이 매우 중요하다. 또한 적절한 색상 개수를 유지하는 것도 중요한데 주요한 정보를 강조하기 위해 2~3가지 이내의 색상을 선택하는 것이 좋다.

(7) 여백 활용

일반적으로 텍스트와 이미지 사이에는 10~20px의 여백을 주는 것이 적절하다. 콘텐츠와 테두리 사이에도 10~20px의 여백을 두어 카드뉴스가 깔끔하게 보이도록 조정한다. 적절한 여백을 유지하면 콘텐츠가 서로 혼잡하지 않고 시선을 편안하게 이동할 수 있다.

2. 카드뉴스와 선거캠프

1) 선거에서 카드뉴스 활용하기

다음은 카드뉴스가 선거캠프에서 어떻게 유용하게 활용될 수 있는지에 대한 몇 가지 예시이다.

(1) 후보자 프로필

후보자의 프로필을 시각적으로 나타낼 수 있다. 후보자의 경력, 정책, 성격 등을 간결하게 요약해 독자들에게 전달할 수 있다.

(2) 정책 포인트

선거는 후보자의 정책을 중심으로 이뤄지는 경우가 많다. 카드뉴스로 후보자의 주요 정책 포인트를 시각적으로 나타내고 독자들은 각 후보자의 정책을 비교하고 쉽게 이해한다.

(3) 투표 절차 안내

선거일이 다가올 때 카드뉴스를 활용해 투표 절차를 간략하게 안내할 수 있다. 투표일정, 투표 장소, 필요한 신분증 등의 정보를 시각적으로 제시한다.

(4) 선거 경과 및 결과

선거가 진행되는 동안 카드뉴스를 활용해 후보자들의 득표율, 선거구별 결과, 주요 이슈 등을 시각적으로 나타내어 독자들에게 전달한다.

2) 호소하는 카드뉴스

유권자 참여 유도하는 CTA(호출 문구) 작성

CTA는 유권자에게 구체적인 행동을 요청하는 중요한 요소이다. '지금 바로 우리 아이들의 안전을 위한 투표에 참여하세요' 또는 '당신의 지지가 미래를 바꿉니다'와 같은 강렬한 문구를 사용해 유권자가 캠페인에 참여할 수 있도록 동기를 부여한다. CTA는 시각적으로 돋보여야 하므로 버튼이나 색상 대비를 활용해 디자인한다.

3) CHAT GPT 활용하기

챗 GPT를 활용하여 유권자의 마음을 사로 잡을 수 있는 다양한 아이디어를 얻을 수 있다.

⑴ openai.com 에 접속하여 회원 가입후 로그인한다.

⑵ 챗GPT에게 역할을 주고 질문을 하면, 여러 가지 아이디어를 제시해준다. 질문을 통해, 후보자의 정책이 잘 반영된 내용을 선택하여 카드뉴스를 제작한다. 아래 그림은 챗 GPT에게 질문해서 얻은 문구 예시들이다.

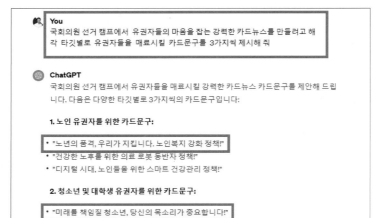

[그림1] 챗 GPT 질문화면

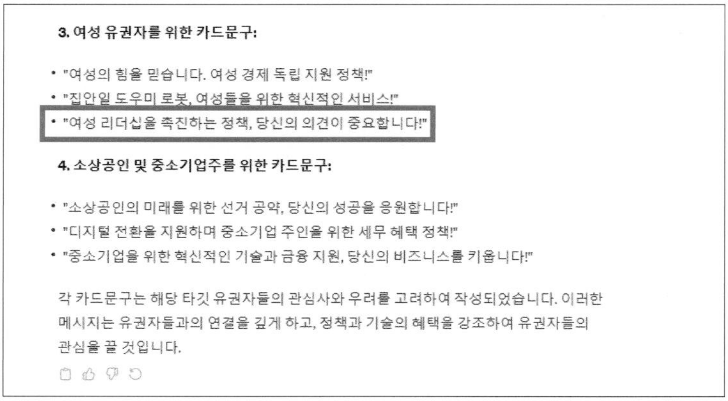

[그림2] 챗GPT 대답화면

3. CANVA 활용해 카드뉴스 제작하기

1) 캔바 검색 및 회원가입

(1) 사이트 검색하기

구글에서 캔바를 검색해 첫 번째 나오는 CANVA 웹사이트를 클릭한다.

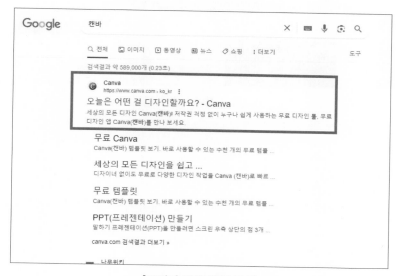

[그림3] 구글 검색 화면

(2) 회원 가입하기

다음 '무료로 가입하기'를 클릭해 구글 계정으로 회원가입을 한다.

[그림4] 회원 가입 화면

2) 디자인 만들기

1장의 '가독성 좋은 카드뉴스 만들기'를 참고하고 캔바에서 제공하는 템플릿을 활용한다.

(1) 디자인 만들기

화면 우측 상단의 디자인 만들기를 클릭한다.

[그림5] 디자인 만들기 선택

(2) 카드뉴스 템플릿 검색하기

디자인 만들기를 선택하거나 또는 상단 검색창에서 '카드뉴스'로 템플릿을 검색한다.

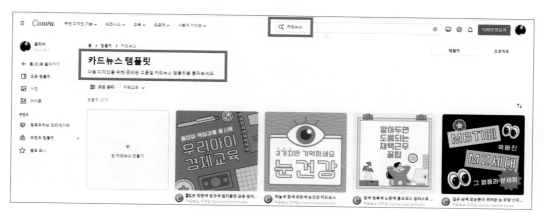

[그림6] 검색창에 카드뉴스

(3) 디자인 선택

주제에 적합한 유형의 템플릿을 선택해 상세 페이지까지 살펴본 후에 편집을 시작한다.
원하는 템플릿이 없을 경우에 빈 페이지에서 편집이 가능하다.

[그림7] 템플릿 편집 선택화면

총 4장으로 이뤄진 카드뉴스 템플릿이다. 이 템플릿으로 원하는 글꼴, 색상, 이미지, 애니메이션효과, 매직스위치, 매직스튜디오 기능 등을 활용해 다양한 편집이 가능하다. 캔바 사이트에는 AI기능인 매직 스위치 기능을 이용해 다양한 언어로 번역도 가능하고, 원하는 문서 형태로 변환도 가능하다.

[그림8] 선택한 카드뉴스 템플릿

(4) 글꼴 변경하기

우측 디자인에서 변경하고 싶은 글상자를 클릭한 후 상단의 글꼴이 활성화되면 원하는 글꼴로 변경이 가능하다. 그 외에도 활성화되는 메뉴는 전부 편집이 가능하다. [그림7] 글꼴을 [그림9]의 글꼴 모양으로 변경했다.

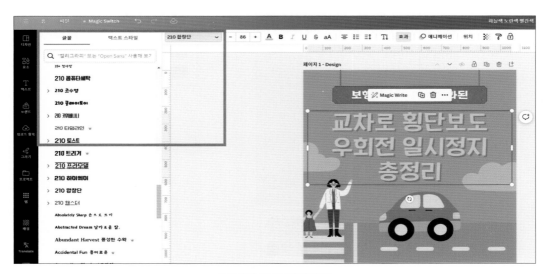

[그림9] 글꼴 변경화면

(5) 색상 변경하기

우측 디자인에서 글상자를 클릭한 후 아이콘이 활성화되면 원하는 색상으로 변경이 가능하다. 화면 좌측에 문서에 쓰인 색상들과 브랜드키트 색상이 있어 디자인에 어울리는 색상을 선택할 수 있다. [그림9] 빨간 배경색과 노란색 글자가 [그림10] 초록색과 흰색으로 변경된 것을 알 수 있다.

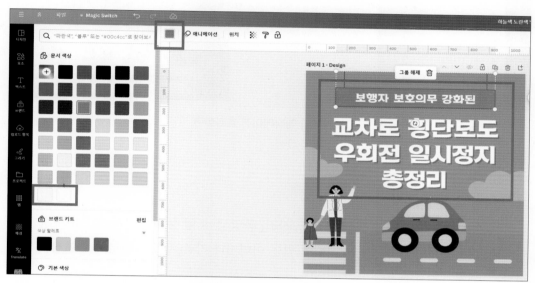

[그림10] 색상 변경화면

(6) 애니메이션 효과

이미지를 클릭한 후 상단에 애니메이션 효과가 활성화되면 각종 효과를 줄 수 있다. [그림11]에서는 핸들 부분에 튕기기 애니메이션 효과를 주었다.

[그림11] 애니메이션 효과화면

(7) 디자인 요소 교체

좌측 메뉴에서 '요소'를 클릭해 그래픽, 사진, 동영상, 도형 등을 추가하거나 교체 등 편집이 가능하다. 좌측 업로드 메뉴로 PC에 있는 이미지나 각종 자료를 업로드해 편집이 가능하다.

[그림12] 디자인 요소 교체 화면

(8) Magic Write 기능

Magic Write 기능을 클릭하면 자동으로 글쓰기가 완성된다. 계속해서 쓸 수도 있고 긴 문장을 요약해서 써주기도 한다.

[그림13] Magic Write 화면

(9) 매직 스튜디오 기능

편집하고자 하는 이미지를 선택한 후 상단 메뉴 '사진편집'이 활성화되면 매직 스튜디오 기능을 이용해, 배경 제거, 매직 이레이져, 매직 익스펜드, 매직 에디트 등 다양한 편집이 가능하다. 우측 오래된 책을 매직 에디트 기능을 클릭해 고급스러운 책으로 교체했다.

[그림14] Magic Studio 화면

(10) Magic Switch 기능

매직 스위치 기능을 이용하면 번역이 가능하며 다양한 종류의 문서로 변환이 가능하다. Translate를 선택해 한국어를 영어로 번역한 결과물이다.

[그림15] Magic Switch 화면

(11) 차트 편집 기능

템플릿 디자인에서 차트 유형을 변경하고자 할 때는 좌측 상단의 유형을 선택하고 변경한다. 좌측 누적 행 차트를 우측 도넛 차트형태로 교체하였다.

[그림16] 차트 유형 변경

3) 파일 다운로드 및 공유하기

템플릿을 이용해 편집이 완료되면 우측 상단의 공유하기 버튼을 클릭한다. 링크를 복사해서 공유하거나 원하는 파일 형식과 원하는 페이지만 다운로드 할 수 있다.

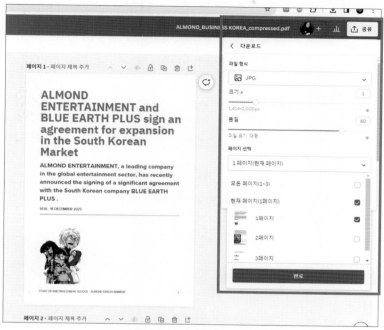

[그림17] 파일 공유 및 다운로드 화면

4. 망고보드 활용한 카드뉴스 만들기

망고보드 웹사이트에서는 선거 관련 템플릿이 다양하게 제공돼 편집하기가 쉽다.

1) 검색 및 회원가입

구글에서 망고보드로 검색해 망고보드 웹사이트로 이동해 회원가입을 한다.

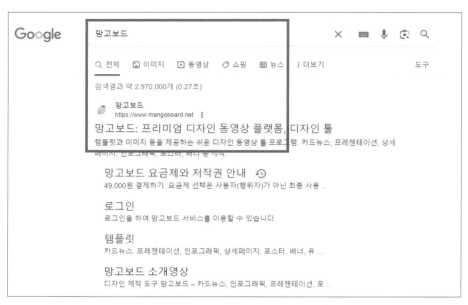

[그림18] 망고보드 구글 검색

2) 디자인 선택 및 편집

(1) 템플릿 선택

로그인 후 상단 메뉴에서 템플릿을 클릭한다.

[그림19] 망고보드 웹사이트

(2) 검색어 입력

로그인 후, 좌측 메뉴에서 카드뉴스를 선택하고 상단 검색 화면에서 검색어를 입력한다.

[그림20] 웹사이트 템플릿 검색 화면

(3) 템플릿 편집

선거 관련 카드뉴스 작성 시 상세페이지까지 템플릿이 제공돼 편집하기가 쉽다. 검색된 템플릿 중 맘에 드는 것을 선택해 상세 페이지까지 확인 후 편집을 시작한다.

[그림21] 선거 카드뉴스 템플릿

선택된 템플릿은 편집자가 원하는 대로 다양한 글꼴, 색상, 이미지 등 편집이 가능하다. 웹사이트에서 제공되는 요소 및 디자인뿐만 아니라 편집자가 갖고 있는 후보자 관련 개인 자료 및 이미지 등도 망고보드 웹사이트에 업로드해 편집이 가능하다.

(4) 글꼴 변경

좌측에 나온 그림과 같이 다양한 글꼴로 변경한다.

[그림22] 글꼴 변경 화면

(5) 글자·배경 색상 변경

글자색상 및 배경 색상을 변경한다.

[그림23] 색상 변경화면

(6) 이미지 생성

AI로 이미지를 생성한다.

[그림24] AI 이미지 생성 화면

(7) 이미지 교체

편집자의 PC에 저장 중인 이미지 파일을 업로드 후 원하는 이미지를 교체한다.

[그림25] 파일 업로드 화면

3) 파일 다운로드 및 공유하기

편집이 모두 완료되면 좌측 메뉴에서 다운로드 또는 공유하기를 선택해 종료한다.

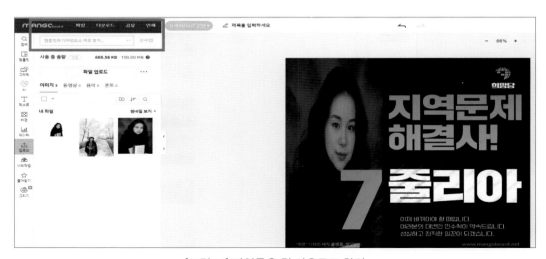

[그림26] 파일공유 및 다운로드 화면

Epilogue

정보, 감동, 재미를 담은 카드뉴스는 선거캠프에서 유권자들의 관심을 끌고 그들의 참여도를 높이는 데에 매우 효과적인 수단이다. 시각적인 흥미를 끌 수 있는 표지 디자인뿐만 아니라 가독성이 높은 폰트 사용, 강렬한 인상을 심어줄 색상 대비 및 이미지 등이 중요하다.

전문 디자이너가 아니더라도 캔바나 망고보드와 같이 템플릿을 제공해 주는 툴을 사용하면 툴 안에서 사용할 수 있는 그림, 사진, 차트 등을 첨부해 시각적인 효과를 더할 수 있다. 또한 생성형 AI를 활용한 매직 기능으로 다양한 작업이 가능하며 팀원들과 협업해 카드뉴스 제작을 진행할 수 있어 팀 전체의 생산성을 높일 수 있다.

생성형 AI를 활용한 카드뉴스 제작은 매우 효과적이며 이를 활용해 선거에서 좋은 성과가 있기를 기대해 본다.

[참고자료]
- 경기도 공익활동 지원센터 : https://gggongik.or.kr/page/archive/archiveinfo_detail.php?board_idx=860
- ㅍㅍㅅㅅ : https://ppss.kr/archives/77281
- DBR 성공적인 컬러 브랜딩 : https://dbr.donga.com/article/view/1202/article_no/10650/ac/search

4

영상으로 말하는 정치,
'키네마스터'를 활용한
선거 전략

조 수 현

제4장
영상으로 말하는 정치,
'키네마스터'를 활용한 선거 전략

우리가 사는 디지털 시대에서 영상은 단순한 정보 전달 수단을 넘어서 중요한 커뮤니케이션 매체로 자리 잡았다. 소셜 미디어와 인터넷의 확산으로 인해 영상은 일상에서 손쉽게 접근할 수 있는 가장 강력한 정보 전달 도구 중 하나가 됐으며 이는 정치와 선거 전략 영역에서도 두드러지게 나타나고 있다.

'영상으로 말하는 정치, 키네마스터를 활용한 선거 전략'은 이러한 변화의 시대에 우리가 직면한 새로운 도전과 기회에 대한 안내서이다. 강력하면서도 사용자 친화적인 활용법을 통해 전략적인 콘텐츠를 제작하는 방법을 익힘으로써 전문적인 장비 없이 스마트폰만으로 누구나 쉽고 빠르게 영상을 제작하는 것이 가능하다. 이로써 선거 캠페인에 필요한 도구와 지식의 접근성을 높이고 더 많은 사람이 자신의 목소리를 효과적으로 표현할 수 있다.

선거는 단순한 경쟁이 아니라 아이디어와 비전을 공유하고 사람들의 마음을 얻는 과정이다. 키네마스터의 활용을 통해 당신의 정치적 메시지가 유권자들에게 직접적으로 다가가며 글이나 음성 이상의 감정과 울림을 효과적으로 전달할 수 있기를 기대한다.

1. 키네마스터를 활용한 선거 홍보 전략

키네마스터(KineMaster)는 모바일 기기를 위한 강력하고 전문적인 영상 편집 어플리케이션으로 스마트폰과 태블릿 사용자를 위해 개발됐다. 아래와 같은 키네마스터가 가진 여러 가지 특징들은 선거 활동에서 유용하게 활용될 수 있는 장점이 된다.

1) 쉽고 빠른 콘텐츠 제작

선거 캠페인은 빠르고 유동적으로 움직이며 키네마스터는 사용자 친화적인 인터페이스를 통해 누구나 쉽게 짧은 시간 내에 질 높은 영상 콘텐츠를 제작할 수 있게 해준다.

2) 모바일 최적화

선거 운동 중에는 현장에서 즉각적인 반응이 중요할 수 있다. 키네마스터는 스마트폰과 태블릿에서 사용이 편리하며 언제 어디서나 캠페인 관련 영상을 편집하고 업로드할 수 있다.

3) 다양한 시각적 효과

효과적인 선거 캠페인 영상은 시각적으로 매력적이어야 한다. 키네마스터는 다양한 트랜지션, 애니메이션, 텍스트 오버레이 등을 제공해 메시지를 더욱 효과적으로 전달할 수 있게 해준다.

4) 소셜 미디어 공유 용이

선거 캠페인에서는 소셜 미디어의 역할이 매우 중요하다. 키네마스터를 사용하면 편집한 영상을 쉽게 소셜 미디어 플랫폼에 맞게 최적화하고 공유할 수 있다.

5) 저비용, 고효율

선거 캠페인은 종종 예산에 제한이 있다. 키네마스터를 사용하면 비교적 저렴한 비용으로 전문가 수준의 영상 콘텐츠를 제작할 수 있어 비용 효율성이 뛰어나다.

이러한 키네마스터의 장점들은 선거 캠페인에서 효과적인 커뮤니케이션과 메시지 전달, 유권자들과의 연결을 강화하는데 크게 기여할 수 있다.

2. 키네마스터로 영상 제작의 A to Z

1) 키네마스터 앱 다운로드 및 설치하기

(1) 사이트 검색

구글 플레이스토어에서 검색 창에 '키네마스터'라고 검색한다.

[그림1] 구글 플레이스토어에서 키네마스터 검색하기

(2) 홈 화면

설치 버튼을 클릭 후 스마트폰에 키네마스터 앱을 설치하면 다음과 같은 홈 화면이 나온다.

[그림2] 키네마스터의 홈 화면

2) 키네마스터를 활용한 영상 제작 단계별 안내

키네마스터에서 영상을 만드는 방법은 크게 2가지가 있다.

첫 번째 방법은 이미 만들어진 다양한 템플릿에 내 스마트폰의 사진 또는 영상을 삽입해 제작하는 방법이고, 두 번째 방법은 템플릿 없이 사진 또는 영상을 이용해 직접 영상을 제작하는 방법이다.

직접 영상을 제작할 수 있다면 템플릿을 이용하는 방법은 매우 쉬워지므로 지금부터 두 번째 방법으로 영상을 제작하는 방법에 대해 알아보겠다.

(1) 새 프로젝트 시작하기

홈 화면 하단 가운데에 '만들기' 버튼을 클릭한 후 주황색의 '새로 만들기' 버튼이 나오면 클릭한다.

[그림3] 홈 화면 하단의 만들기 버튼 클릭하기   [그림4] 새로 만들기 버튼 클릭하기

처음 접속한 경우 다음과 같은 창이 뜨는데 액세스를 허용한다.

[그림5] 처음 접속 시 액세스 허용하기

(2) 프로젝트명 설정과 영상 비율 선택

'프로젝트의 이름'을 입력한 후 제작하고자 하는 영상의 '화면 비율'을 선택한다.

[그림6] 프로젝트명 입력과 화면 비율 선택하기

(3) 고급 기능 설정

고급 옆의 꺾쇠를 클릭하면 영상이 보일 '화면의 크기'를 설정할 수 있다. 기본 사진 지속 시간(영상에서 사진이 보이는 기본 시간)과 기본 장면전환 시간(두 장면 사이에서 전환되는 효과의 지속 시간)을 원하는 만큼 설정한 후 하단의 '만들기' 버튼을 클릭한다.

[그림7] 고급 기능 선택 후 만들기 버튼 클릭하기

(4) 미디어 브라우저 사용법

만들기 버튼을 클릭하면 미디어 브라우저 화면이 스마트폰의 가로 방향으로 크게 뜨는데 여기에서 '새 프로젝트 영상'을 제작할 수 있다.

오른쪽 상단의 버튼을 차례로 클릭해 보면

① 내 스마트폰에 저장된 파일들을 날짜별로 정렬해서 보기

② 내가 만든 프로젝트 보기

③ 에셋 스토어(음악 및 사운드 효과 등 키네마스터가 제공하는 다양한 추가 콘텐츠와 자료를 다운로 드할 수 있는 곳)이 나온다.

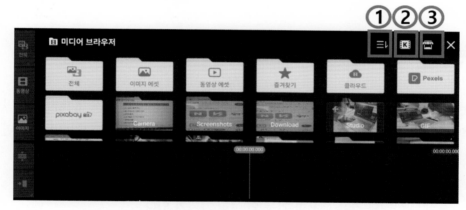

[그림8] 새 프로젝트 영상을 제작할 수 있는 미디어 브라우저 화면

(5) 사진과 영상을 타임라인에 추가하는 방법

카메라 폴더에서 내가 영상 제작에 사용하고 싶은 사진(들) 또는 영상(들)을 선택하면 ① 타임라인에 차례로 들어가고 선택이 끝난 뒤 ② 오른쪽 상단의 X를 누르면 편집 창으로 이 동한다.

[그림9] 카메라에서 사진 또는 영상 선택하기

(6) 편집 인터페이스와 기본 편집 기능

영상에서 편집하기를 원하는 사진 또는 영상 즉 클립을 선택하면 노란색 테두리로 활성화되는데 이는 시각적 표현, 편집 준비 상태, 보다 직관적이고 사용자 친화적으로 만들기 위한 인터페이스이다. 이것은 사용자가 손쉽게 편집 작업을 할 수 있도록 도와주며 편집의 정확성과 효율성을 향상시킨다.

'컷 편집'에는 아래와 같은 유용한 기능 외 여러 가지가 있다.

① 사진 또는 영상을 원하는 위치로 이동하기 : 내가 선택한 사진 또는 영상의 순서가 마음에 들지 않으면 마우스로 해당 클립을 클릭한 후 원하는 장소로 '드래그'해 이동시킨다.

[그림10] 클립을 원하는 위치로 이동시키기

② **자르기와 분할하기** : 사진 또는 영상이 보이는 시간을 자르거나 분할하고 싶다면 먼저 해당 클립을 클릭해 '노란색 테두리'를 활성화한 후 아래의 세로로 된 '빨간색 편집선'에 자르거나 분할을 원하는 '시간'을 맞춘다.

[그림11] 클립을 원하는 길이로 자르거나 줄이기 위해 시간을 편집선에 맞추기

오른쪽 상단의 트림/분할이라 쓰여 있는 '가위 모양'을 클릭한 후 빨간색 편집선의 앞부분을 자르기를 원하면 왼쪽 트림, 뒷부분을 자르기를 원하면 오른쪽 트림, 분할을 원하면 분할을 클릭한다.

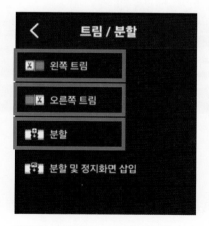

[그림12] 클립을 자르거나 분할하기

③ **기본 사진 지속 시간 늘리기 또는 줄이기** : 만약 사진이 보이는 시간을 늘리거나 줄이고 싶다면 마우스로 사진을 클릭해 노란색 테두리로 활성화하고, 양 끝에 나타나는 '핸들(조절 바)'을 드래그해 클립의 시작점이나 끝점을 좌우로 이동시킨다. 오른쪽으로 드래그하면 클립의 지속 시간이 늘어나고 왼쪽으로 드래그하면 줄어든다.

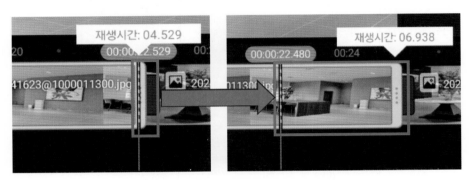

[그림13] 클립의 지속 시간을 늘리는 방법

④ **사진 또는 영상 삭제하기** : 삭제를 원하는 사진 또는 영상을 선택해 노란색 테두리로 활성화하면 왼쪽 가운데에 위치한 '삭제 버튼(휴지통 아이콘)'을 클릭한다.

[그림14] 사진 또는 영상 삭제하기

컷 편집이 끝나면 왼쪽 상단의 '꺾쇠'를 클릭해 편집창으로 돌아간다.

[그림15] 편집창으로 돌아가기

(7) 장면전환 및 효과 추가

타임라인에서 '장면전환'을 원하면 원하는 지점에서 ① 두 클립 사이의 작은 '사각형 아이콘'을 클릭하면 ② 장면전환 옵션이 나오며 다양한 전환 효과 중 하나를 선택할 수 있고 지속 시간 조정도 가능하다.

예를 들어 ③ 텍스트 전환 효과에서 분할 타이틀을 클릭하면 ④ 왼쪽에 보이는 사진이나 영상의 중앙이 가로로 분할 돼 그사이에 텍스트를 넣을 수 있다. '전체 적용하기'를 클릭하면 한 번에 모든 장면에 적용이 된다.

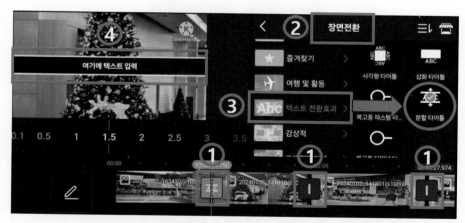

[그림16] 장면 전환하기를 위한 텍스트 전환 효과 중 분할 타이틀 선택하기

(8) 오디오 추가 및 편집

'오디오 기능 추가'에서 키네마스터의 초기 사용자와 기존 사용자에게 보이는 화면은 약간의 차이가 있다. 이것은 앱을 처음 사용하는 경우 기본적인 기능과 사용 방법에 대한 튜토리얼이나 안내 팝업이 제공되는 경우도 있고, 초기 사용자는 앱의 기본 설정에서 시작하는 반면, 기존 사용자는 이전에 설정한 사용자 정의 설정이 유지되기 때문이다.

이에 키네마스터의 기본적인 기능과 사용 방법에 더 익숙하지 않은 초기 사용자 기준으로 오디오 기능 추가를 설명하겠다.

① 편집 화면에서 '오디오' 버튼을 클릭한 후 이동한 화면 한가운데 위치한 '음악 에셋 받기' 버튼을 클릭한다.

[그림17] 오디오 클릭하기

[그림18] 음악 에셋 받기 클릭하기

② '음악 에셋 받기' 버튼을 클릭하면 '에셋 스토어'로 이동한다.

[그림19] 에셋 스토어로 이동하기

③ 왼쪽에 위치한 '음표'를 클릭하면 다양한 장르의 음악이 보이는데 그중 원하는 제목을 클릭해 들어보고 '다운로드' 받는다.

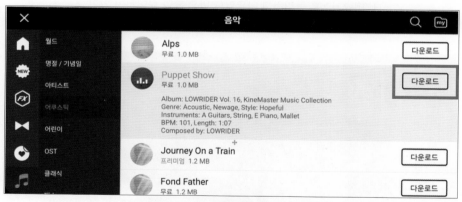

[그림20] 원하는 음악을 선택하고 다운로드 받기

④ 다운로드 버튼을 클릭하면 버튼이 곧 '설치됨'으로 전환된다.

[그림21] 다운로드 버튼이 설치됨으로 바뀜

⑤ 설치 후 왼쪽 상단의 'X'를 클릭하면 내가 다운로드 받은 음악을 확인할 수 있다.

[그림22] X를 클릭하고 다운로드 받은 음악 확인하러 가기

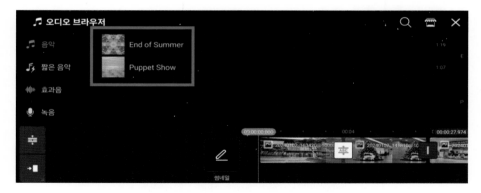

[그림23] 다운로드 받은 음악 확인하기

⑥ 음악을 선택하면 그 줄 오른쪽 끝에 '+' 버튼이 활성화되고 클릭하면 제작 중인 영상 아래에 '음악 파일'이 삽입된다.

[그림24] 영상 아래 음악 파일 삽입하기

⑦ 오른쪽 상단 'X'를 클릭 후 편집창에서 '재생 아이콘'을 클릭하면 오디오가 추가된 영상을 '미리보기' 할 수 있다.

[그림25] 오디오 추가된 영상 미리보기

⑧ 재생 버튼을 길게 눌러 '전체화면으로 볼 수 있습니다'라는 문장이 보이면 가운데 '다시 보지 않기'에 체크하고 확인 버튼을 클릭한다.

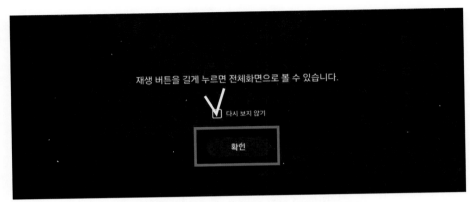

[그림26] 전체화면으로 보기 확인 버튼 클릭하기

(9) 더빙 및 음성 녹음

녹음 버튼을 클릭한 뒤 음악 대신 또는 음악 위에 나의 목소리를 녹음해 추가할 수도 있다.

[그림27] 녹음 버튼 클릭하기

① '녹음버튼'을 클릭한 뒤 '마이크 접근권한'을 허용한다.

[그림28] 마이크 접근권한 허용하기

② '시작' 버튼을 클릭하면 녹음이 시작되고, '정지' 버튼을 클릭하면 녹음이 끝난다. 시작 버튼을 클릭하면 곧 정지버튼으로 활성화된다.

[그림29] 시작과 정지버튼

③ 녹음이 끝나면 제작 중인 영상과 음악 파일 아래에 나란히 '녹음 파일'이 추가된다.

[그림30] 영상과 음악 파일 아래에 녹음 파일 추가됨

④ 만약 다시 '오디오 수정 편집'을 원한다면 '오디오 클립'을 선택 후 '노란색 테두리'를 활성화한다. 이후 음악 편집창에서 '상세 볼륨' 화면을 통해 슬라이더를 이동시키며 '볼륨 조절'을 한다.

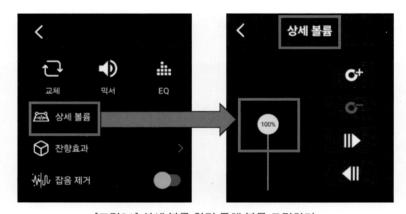

[그림31] 상세 볼륨 화면 통해 볼륨 조절하기

(10) 레이어 사용 및 효과 추가

'레이어'를 사용하면 '텍스트, 미디어, 효과, 스티커, 손 글씨 등 다양한 효과'를 추가함으로써 창의적이고 독창적인 영상을 제작할 수 있다.

[그림32] 영상에 레이어의 텍스트 효과 추가하기

① 예를 들어 레이어의 '텍스트'를 클릭한 후 빈칸에 원하는 텍스트를 쓰고 '확인' 버튼을 클릭하면 영상에 적용된다.

[그림33] 빈칸에 레이어의 텍스트를 쓰고 확인 버튼 클릭하기

② 이렇게 영상에 적용된 텍스트는 오른쪽 화살표로 '글자 각도나 크기' 조절이 가능하다. 오른쪽의 '편집' 버튼을 클릭하면 글자 수정이 가능하고, '폰트' 버튼을 클릭하면 글자 크기를 선택할 수 있다. 다양한 '애니메이션' 기능도 선택이 가능하다.

[그림34] 영상에 적용된 텍스트 조정하기

[그림35] 폰트 버튼을 클릭해 원하는 글자 크기 선택하기

③ 이렇게 만든 레이어의 '텍스트'는 영상 아래에 추가된다.

[그림36] 영상 아래에 레이어의 텍스트가 추가됨

④ 또한 레이어의 '스티커'를 클릭 후 '기본 스티커'를 선택하면 다양한 스티커 선택이 가능하며 영상에 적용된다.

[그림37] 레이어의 스티커 클릭 후 기본 스티커에서 스티커 선택하기

[그림38] 스티커 선택시 바로 영상에 추가됨

1) 내보내기 준비 및 저장

영상 편집이 완료되면 편집창의 오른쪽 상단 '내보내기' 화살표를 클릭한다.

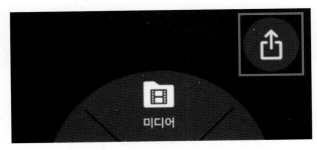

[그림39] 오른쪽 상단 화살표 클릭 후 영상 내보내기

① 보통 '해상도는 1080p 또는 720p', '프레임레이트는 30'으로 선택 후 오른쪽 하단의 '동영상으로 저장' 버튼을 클릭한다.

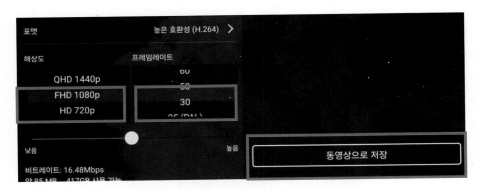

[그림40] 제작한 영상을 동영상으로 저장하기

② 동영상으로 저장 버튼 클릭 후 유료 가입 안내가 뜨면 오른쪽 상단의 '건너뛰기'를 클릭한다.

[그림41] 유료 가입 건너뛰기

③ 영상이 저장되는 데에는 몇 초간의 시간이 소요된다.

[그림42] 영상 저장 표시 중

2) 저장된 영상의 위치 및 액세스 방법

영상이 저장되면 오른쪽에 '저장 목록'이 나타난다. 저장된 영상은 스마트폰의 가장 '오른쪽 가운데 버튼'을 눌러 키네마스터 앱을 내려놓은 후 '내 스마트폰의 갤러리'에서 확인한다.

[그림43] 내 스마트폰에서 영상 확인하는 방법

키네마스터는 모든 사람이 전문가처럼 선거 홍보 영상을 제작할 수 있게 만들어졌기 때문에 이는 선거 전략에 혁신적인 변화를 가져왔고, 소셜 미디어의 시대에 맞는 강력한 커뮤니케이션 도구로 자리 잡았다. 더욱 많은 사람이 간편함과 접근성으로 자신의 메시지를 효과적으로 전달하는 것을 가능하게 해주고 있다.

이 책을 통해 우리는 키네마스터의 다양한 기능과 편집 기술을 익힘으로써 누구나 설득력 있는 영상을 만들 수 있게 됐다.

제작된 영상 또한 쉽게 배포돼 소셜 미디어를 통해 대중에게 효과적으로 전달되니 이는 선거 캠페인의 성공에 중요한 역할을 할 것이라 확신한다.

현재 AI 기술의 발달로 선거 캠페인은 더욱 정교하고 전략적으로 진행된다. 개인화된 콘텐츠 제작, 효율적인 데이터 분석, 실시간 피드백 등이 AI를 통해 가능해졌다. 이처럼 AI가 선거 전력에 적용됨에 따라 키네마스터와 같은 도구의 필수적이고 중요한 역할은 지속될 것이다.

'정치'는 결국 '메시지의 예술'이라고 한다. 영상을 활용한 '정치 커뮤니케이션'은 이 변화의 시대에 직면한 우리에게 새로운 도전과 기회를 제공해 줄 것이다. 이 책이 여러분의 선거 캠페인을 강력하고 영향력 있는 메시지로 변화하는데 큰 도움이 되기를 바라며 더불어 여러분의 선거 캠페인이 이러한 변화의 물결을 타고 성공으로 이어지기를 기대한다.

5

하나의 링크로 후보자의
모든 것을 알리는
신박한 홍보전략

이 동 신

제5장
하나의 링크로 후보자의 모든 것을
알리는 신박한 홍보전략

Prologue

　최근 생성형 AI와 디지털 플랫폼의 발달로 정보 전달과 홍보 방식이 크게 변화하고 있다. 이 장에서는 다양한 온라인 도구와 AI 플랫폼을 활용해 인터넷 링크 하나만으로 후보자의 모든 것을 알릴 수 있는 효율적인 방법에 대해 살펴보고자 한다.

1. 하나의 링크로 텍스트, 이미지, 동영상 효과적으로 홍보하기

　후보자의 프로필, 정책 성명, 선거공약 등을 텍스트와 PPT로 작성하고, 동영상 자동 제작 AI 플랫폼을 활용해 후보자의 인터뷰, 캠페인 영상 등을 포함하는 '링크(홈페이지 형)'를 만든다. 홍보 링크에는 후보자의 사진, 홍보 포스터 등 이미지를 첨부해 시각적인 인상을 심어준다. 기존의 홈페이지나 블로그와 연결해 선거 관련 이벤트, 후원 방법, 커뮤니티 기능 등을 제공한다.

2. 다양한 콘텐츠를 하나의 링크로 연결하기

홈페이지 동영상 임베딩을 통해 후보자의 홍보 영상을 시청할 수 있고, 신문 기사 소개란을 클릭하면 후보자의 주요 활동과 성과를 소개하고, 지지자들에게 신뢰를 줄 수 있다. 링크를 통해 선거 후보자의 홈페이지로 이동하거나 후보자의 SNS 계정으로 이동할 수 있어 실시간으로 후보자의 소식과 응원 메시지를 확인할 수 있다.

3. AI 플랫폼 소개

선거 홍보에 활용할 수 있는 AI 플랫폼에는 '캔바', '감마 앱', 'Heygen'을 추천한다. 캔바는 사용하기 쉬운 인터페이스와 다양한 템플릿을 제공해 선거 후보자의 홈페이지를 손쉽게 제작할 수 있다.

'감마 앱'은 ppt를 만들기 위한 강력한 도구로 후보자의 정책과 성명을 시각적으로 효과적으로 전달할 수 있다.

'Heygen'은 인공지능 기술을 활용해 동영상을 자동으로 제작해 주는 플랫폼으로 텍스트만 주어진다면 후보자의 홍보 영상을 손쉽게 생성할 수 있다.

1) 캔바로 링크형 홈페이지 제작
'캔바'는 사용하기 쉬운 인터페이스와 다양한 템플릿을 제공하고, 짧은 시간에 홈페이지를 제작할 수 있는 것이 강점이다.

(1) 웹사이트 들어가기
캔바 홈페이지에서 '웹사이트'를 선택하고 들어간다.

[그림1] 초기화면(적색 부분)

(2) 템플릿 탐색

캔바에는 수많은 다양한 템플릿이 있다. 여기에서 목적에 맞는 템플릿을 검색한다.

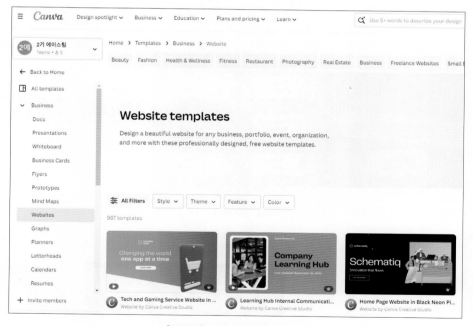

[그림2] website templates

(3) templates 선택과 최적화

작업에 필요한 템플릿을 선택하고 최적화한다.

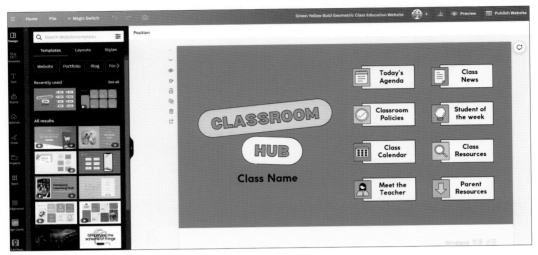

[그림3] templates 선택

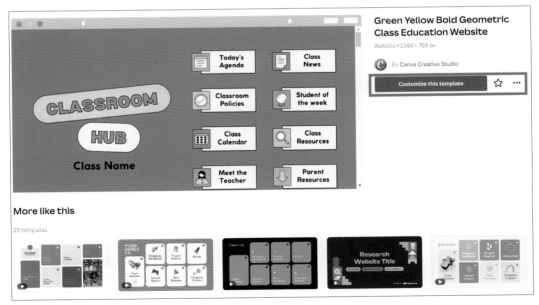

[그림4] Customize(최적화)

(4) 선택지에서 개별항목 입력

선택한 템플릿에서 주제에 맞는 '서브타이틀'을 입력한다.

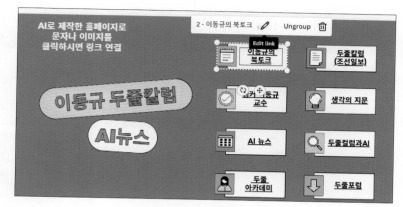

[그림5] 서브타이틀 입력

보여줘야 할 해당 홈페이지나 블로그를 'Edit link'를 클릭해 연결한다.

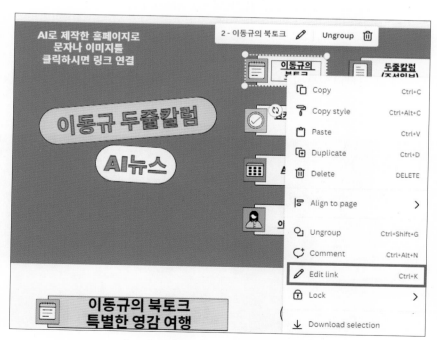

[그림6] 홈페이지나 블로그 링크 연결

(5) 좌측 상단 서브타이틀 설정

[그림7]과 같이 좌측 하단의 적색 'notes'를 클릭한 후, 좌측 상단에서 '서브타이틀'을 입력하면 [그림8]과 같이 바로가기 버튼이 생성된다.

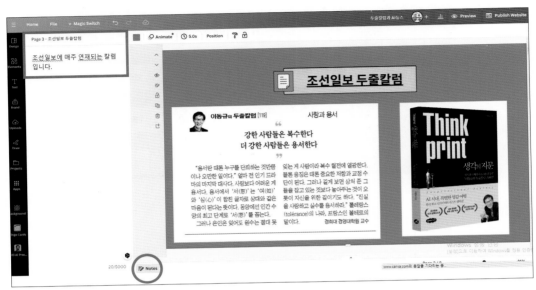

[그림7] 좌측 상단 페이지에 바로가기 생성

홈페이지 형태로 서브타이틀이 보이고 바로가기 버튼이 상단에 형성된다(PC에서만 보임).

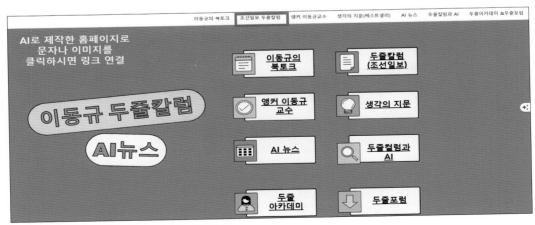

[그림8] 바로가기 버튼 생성

(6) 이미지/영상 불러오기와 임베딩

[그림9]의 좌측 아이콘은 자주 쓰는 기능이며 [그림10]은 PC 내 동영상을 업로드해 홈페이지에 임베딩한 영상 모습이다.

[주요 기능]

* Elements(요소) : 도형
* Text : 글쓰기
* Uploads : 이미지나 동영상 PC에서 가져오기
* Apps : 어플리케이션
* Background : 배경

[그림9] 자주 쓰는 아이콘과 기능들

[그림10]은 PC의 동영상을 업로드해 홈페이지에 임베딩한 영상이다. 앵커로 변신한 이동규 교수의 영상을 가져온다.

[그림10] PC의 동영상 업로드해 홈페이지에 임베딩한 영상

(7) 링크 첨부하기

그 외 신문 기사나 각종 원하는 사이트 링크를 [그림6]과 같이 'Edit link'로 연결해 첨부하면 상세페이지를 원하는 독자들이 더블 클릭하면 볼 수 있게 된다.

[그림11] 더블 클릭 시 신문 기사로 연결

[그림12] 각종 싸이트를 링크로 연결한 화면

(8) 웹 수정(Edit design) 및 발행(publish)

수정이 필요하다면 아래 'Edit design' 부분을 클릭 후 수정작업하고, 우측 상단의 'Publish to the web'를 클릭하면 수정된 페이지가 발행된다.

[그림13] 재작업 및 수정 화면(Edit design) 발행하기

(9) 링크 복사와 다운로드

아래 부분의 내용을 선택한 후에 'Copy link' 버튼으로 링크를 복사하거나 다운로드한다.

[그림14] 자료열람, 공유, 공동편집자 범위설정, 링크 복사와 다운로드

(10) 웹페이지 URL 및 활성화

홈페이지 도메인(URL)은 유·무료가 있는데, 유료 사용 시 검색이 원활해 보인다. [그림 15]처럼 홈페이지는 검색을 허용할 수도 있고, 비밀번호를 걸어서 막아둘 수도 있다.

[그림15] 홈페이지 검색 허용 유무, 비밀번호 걸기

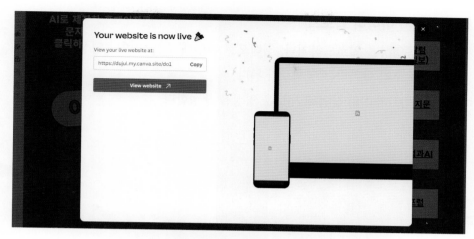

[그림16] 저장 후 활성화한 최종화면

2) HeyGen 샘플 아바타를 활용한 AI 동영상 제작

'HeyGen'에서는 샘플 사진이나 샘플 동영상을 아바타로 사용해 다양한 언어의 AI 영상 제작이 가능하다.

(1) 구글이나 이메일 계정으로 로그인

HeyGen 사이트를 찾아 들어가 로그인은 구글이나 이메일 계정으로 한다.

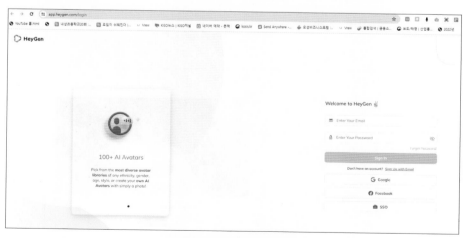

[그림17] HeyGen 초기화면

(2) 작업 창에서 아바타 업로드

① 기저장된 동영상을 업로드하거나, 웹캠으로 촬영해 샘플 아바타 영상을 준비한다.

② 동영상과 목소리 아바타는 원재료가 된다.

③ 이후 스크립트(원고)를 삽입해 새로운 영상을 생성한다.

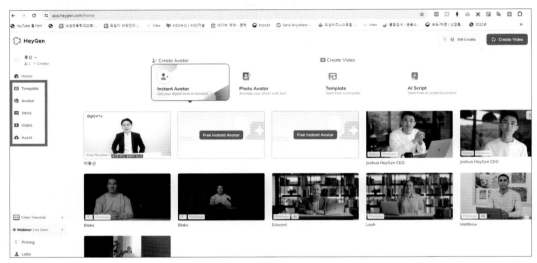

[그림18] 템플릿, 아바타, 보이스, 비디오 등 아이콘 참조

(3) Intro-Instruction-Upload-Consent

① Intro : 도입부로 설명 영상

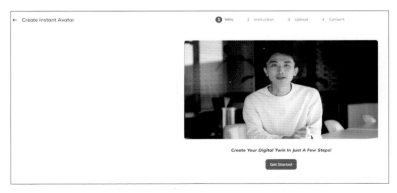

[그림19] Intro 도입영상 화면

② **Instruction** : 영상과 텍스트, 두 가지 유형으로 설명

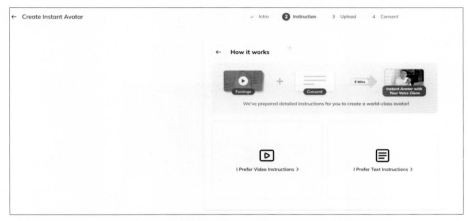

[그림20] Instruction 화면

③ **Upload** : 아바타 영상을 업로드한다.

길이 2분 이상~ 5분 이하의 동영상을 업로드하거나 또는 웹캠으로 직접 촬영한다.

landscape or portrait video, mp4/mov/webm format, 2-5min,

360p-4K resolution, ⟨2GB

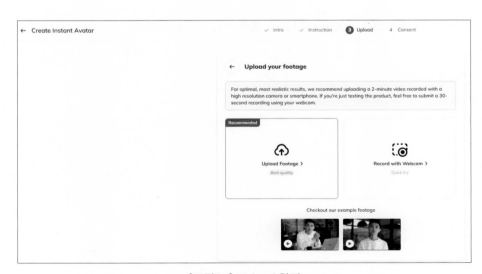

[그림21] Upload 화면

④ Consent : 영상 업로드와 활용에 대한 동의

[그림22]처럼 별첨의 영어 스크립트를 따라 모두 읽은 후 저장하고 제출한다. 본인 영상이 아니면 타인의 대리 등재가 불가하다. 즉 아바타 영상의 얼굴과 동의서를 읽는 사람의 얼굴이 동일해야 승인이 난다.

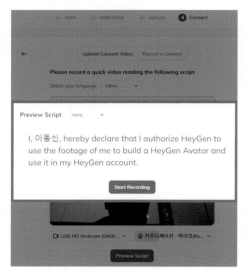

[그림22] Consent 화면 (가장 중요하다)

(4) 원하는 템플릿 또는 HeyGen에서 제공하는 아바타 선택

본인 아바타 이외에 HeyGen에서 제공하는 아바타를 쓸 경우에 성별, 나이별, 국가별 언어를 선택할 수 있다.

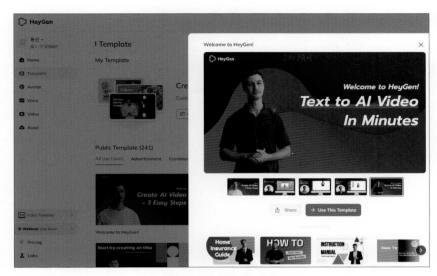

[그림23] 템플릿 선택

(5) 동영상 아바타를 활용한 영상 제작

① **좌측 네모 박스 부분** : 유료 개인회원의 경우 샘플 아바타 3개까지 생성(수정) 가능

② **가운데 네모 박스 부분** : (文/A) 부분을 클릭하면 원하는 언어를 선택할 수 있다.

③ **우측 네모 박스 부분** : 재생 속도와 피치(Pitch) 조절

[그림24] 텍스트나 보이스 입력으로 원하는 영상을 제작

타깃 언어를 선택하면 아바타가 해당 언어로 실제처럼 말한다.

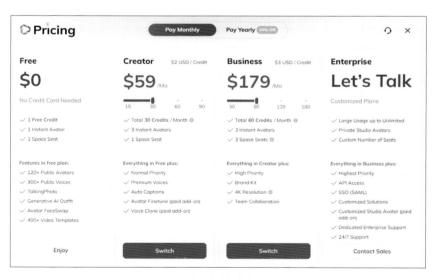

[그림25] 타깃 언어 선택 화면

(6) 사용료

단 사용료가 비싼 것이 단점이다. 월 단위 59$, 연 단위로 결제 시 48$(12개월 기준 한화 약 75만 원).

[그림26] 월 사용료

3) 감마앱을 활용한 PPT 생성

'감마 앱'은 AI로 1분 만에 만들 수 있는 PPT 생성프로그램으로 PPT 파일을 만들려면 기획에서부터 내용을 만들고 꾸미기까지 상당한 시간이 소요된다. 그러나 감마 앱을 활용해서 PPT 문서를 만들면 아주 쉽고 간단하게 목적하는 PPT를 AI가 만들어 준다. 이렇게 만든 PPT 문서는 브리핑이나 보고서 발표 등에 아주 유용하게 활용할 수 있다.

(1) 새로 만들기

PC로 사이트에 들어가 구글계정으로 로그인하고 메인 화면 가운데에서 '+새로 만들기'를 클릭하고 시작한다.

[그림27] 초기화면

(2) 가운데 '생성'을 클릭한다.

[그림28] AI로 만들기 생성 시작

(3) PPT 생성하기

[그림28]의 생성을 누르면 다음 3가지 옵션이 나온다. [그림29]에서 프리젠테이션에서 주제를 입력하면, 1~2분 내로 PPT를 생성할 수 있다. 주제를 입력하면 AI가 목차를 잡아주고, 사용자가 내용을 일부 수정해서 실행하면 1차 PPT 자료를 바로 얻을 수 있다.

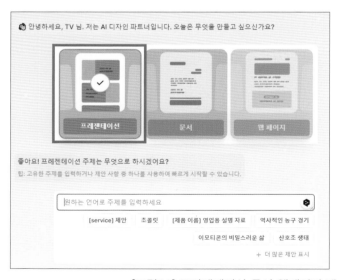

[그림29] 프리젠테이션-문서-웹페이지 제작 중에서 택일

감마앱(Gamma)

어떤 주제이든 입력하면,
1분 만에 AI가 자동 생성

(1.PPT 2.문서 3.웹페이지)

(4) 수작업으로 수정과 보완

감마 앱이 생성해 주는 PPT 자료를 본인의 의도에 맞게 수작업으로 수정하고 보완할 수 있다. 다양한 편집 기능을 선택해서 수정할 수 있다. 작업을 마친 이후에는 링크 공유 또는 PPT나 PDF 형태로 다운로드가 가능하다(우측 상단 키 '···'사용).

[그림30] 좌측 창에서 레이아웃 순서 변경

[그림31] 레이아웃 템플릿과 AI로 수정

(5) 사용료

최초 가입 시 400크레딧이 주어지고, 친구 추천 시 1명당 200크레딧이 추가된다.

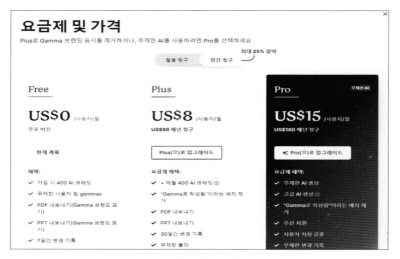
[그림32] 요금제

Epilogue

하나의 링크로 선거 후보자의 모든 정보를 알릴 수 있는 방법은 생성형 AI와 디지털 도구의 발달로 가능해진 혁신적인 방법이다. 캔바 홈페이지 제작 도구와 감마 앱, Heygen 등을 활용해 텍스트, 이미지, 동영상, 신문 기사 등 다양한 콘텐츠를 효과적으로 활용하면 후보자의 홍보력을 크게 향상시킬 수 있다. 이를 통해 더 많은 유권자에게 후보자의 메시지를 전달하고 지지를 얻을 수 있을 것이다.

이제 선거에서 홍보 방법으로 AI 활용이 가능한 만큼 다양한 AI 기능과 프로그램 중에서 목적에 맞는 것을 선택해 차분히 활용하다 보면, 멋진 홍보물을 제작할 수 있게 될 것이며, 이를 더 많은 유권자와 나누며 소통과 홍보의 창구로 활용하면 좋을 듯 싶다.

이제 시대는 아날로그에서 디지털로 그리고 인공지능 AI 시대로 넘어왔다. 언제까지 아날로그 방식으로 선거전에 대응할 수는 없는 시대가 도래한 것이다. 더 이상 아날로그가 아닌 AI를 활용한 멋지고 보다 임팩트 있는 홍보물을 통해 후보자의 차별점, 강점 등을 이와 같은 프로그램들을 활용해 유권자들과 소통의 장을 넓히면서 표심을 얻는 것이 좋을 듯 싶다.

PART 3

시각적 콘텐츠 제작
및 동영상 활용 전략

1

Vrew로 한 번에 끝내는 뉴스 속보 영상 제작

박 시 은

제1장
Vrew로 한 번에 끝내는
뉴스 속보 영상 제작

Prologue

세계는 끊임없이 변화하고 있으며 이러한 변화는 선거의 풍경마저도 바꾸어 놓고 있다. 현대의 유권자들은 더 빠르고, 더 정확하며, 더 흥미로운 방식으로 정보를 소비하고 있다. 이러한 시대적 요구에 부응하기 위해 영상의 중요성은 그 어느 때보다도 커지고 있다. 실시간성과 시각적인 영향력을 통해 유권자들에게 강력한 메시지를 전달하고 선거의 흐름을 주도하는 뉴스 속보 영상은 이제 선거전략의 핵심으로 자리 잡게 됐다.

시간이 부족하고 복잡한 영상 편집 작업은 많은 선거 캠페인 팀에게 큰 부담이었지만, '브루(Vrew)'의 등장으로 이러한 부담은 크게 줄어들게 됐다. 이번 장에서는 이러한 변화 속에서 음성 인식으로 자동 자막을 생성하고, 빠른 컷 편집과 다양한 AI 목소리를 제공하는 등의 기능을 제공하는 Vrew를 활용한 영상 제작 생산성을 높이는 방법을 안내하고자 한다.

1) 선거 준비 중 '뉴스 속보 영상'의 중요성

선거 준비 과정에서 '뉴스 속보 영상'은 매우 중요한 역할을 한다. 실시간성을 통해 유권자에게 즉각적인 정보를 제공할뿐더러, 후보자의 메시지와 정책을 신속하게 전달할 수 있기 때문이다. 아울러 시각적으로 다가가기 때문에 유권자의 기억에 강하게 남으며 이미지 관리를 더욱 효과적으로 할 수 있게 된다. 또한 위기 상황이나 중요한 이슈에 대한 신속한 대응을 통해 후보자의 리더십과 대처 능력을 강화하는데도 속보 영상은 큰 힘을 발휘한다.

소셜 미디어와 연계를 통해 빠르게 확산할 수 있고 유권자 참여와 공감을 이끌어 내는 플랫폼을 제공할 수도 있기에 뉴스 속보 영상은 선거전략의 핵심 요소로, 유권자의 인식을 형성하고 선거의 흐름을 주도하는 중요한 매체로 활용된다.

2) Vrew(브루)란?

선거 준비에 있어 영상 제작은 시간을 많이 요구하는 작업 중 하나이다. Vrew(브루)는 이러한 문제를 해결할 수 있는 AI 영상 편집 프로그램이며, 음성 인식을 통한 자동 자막 생성, 빠른 컷 편집, 200종 이상의 AI 목소리 제공 등 다양한 기능을 통해 복잡한 영상 편집 작업을 단순화 할 수 있는 것이 특징이다.

특히 음성 인식으로 만들어진 자막은 약간의 수정만으로도 완성도 높은 자막을 제공하며, 긴 영상에도 신속하게 적용할 수 있다. 이를 통해 유튜브는 물론 숏폼 영상, 기업홍보, 교육 안내 영상 등 다양한 분야에서 활용되며, 뉴스 속보 영상 제작에 있어서도 생산성을 크게 향상시킬 수 있다. Vrew의 활용은 바쁜 선거 준비 과정에서 시간을 절약하고, 더 많은 유권자들에게 빠르고 효과적으로 메시지를 전달할 수 있는 방법을 제공할 수 있다.

자, 그럼 지금부터 VREW에 대해 하나씩 알아보도록 하겠다.

1) Vrew 설치 및 기본 설정하기

(1) 설치하기

구글에서 '브루'라고 검색하면 사이트가 바로 검색된다.

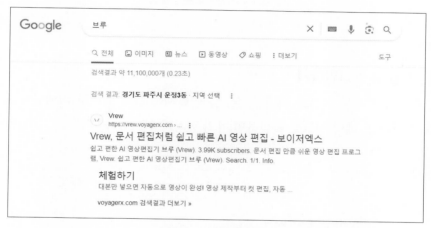

[그림1] Vrew 사이트 접속

사이트에 접속하면 무료 다운로드 문구가 보이는데 클릭해 pc에 설치 진행한다. 한 번만 해두면 이후에는 별도로 설치하지 않고 생성된 아이콘만 클릭해 바로 사용할 수 있다.

[그림2] Vrew 무료 다운로드

(2) 회원 가입 및 로그인하기

회원 가입을 위해서는 이름과 이메일 주소를 입력해야 하며 입력한 이메일로 보내진 인증 메일을 확인하고, 해당 링크를 클릭하면 가입 절차가 완료된다.

[그림3] 회원 가입하기

(3) 기본 화면 이해하기

로그인하고 나면 다음과 같은 기본화면이 열리게 되는데 여기서 홈 - 새로 만들기 버튼을 클릭해 나만의 영상 제작할 수 있다.

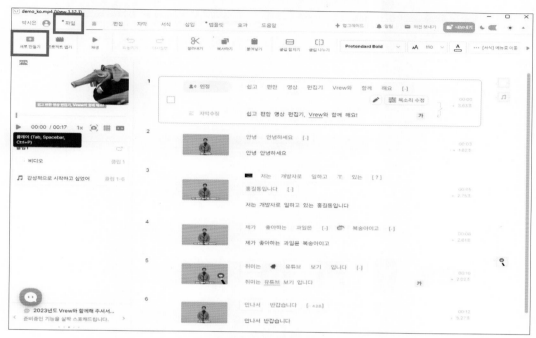

[그림4] 기본 화면 구성

2) 프로젝트 시작하기

영상을 새로 만드는 방법은 굉장히 다양하지만 '텍스트로 비디오 만들기'를 클릭해 생성하고자 하는 영상 비율을 선택한다.

[그림5] 프로젝트 시작하기

이어서 비디오 스타일을 선택할 수 있는데 '뉴스 속보 영상 스타일'을 고르고 다음을 클릭한다.

[그림6] 스타일 지정하기

(1) AI로 영상 원고 작성하기

주제를 쓰는 공간에 원하는 제목만 입력해도 AI가 바로 글을 써주기 때문에 편리하게 스트립트를 완성할 수 있게 된다. 예시에서는 '대한민국의 위기 저출산 문제! 어떻게 극복할 것인가?'를 작성해 보았다. 만약 대본 수정이 필요한 경우 추가, 삭제가 바로 가능하다.

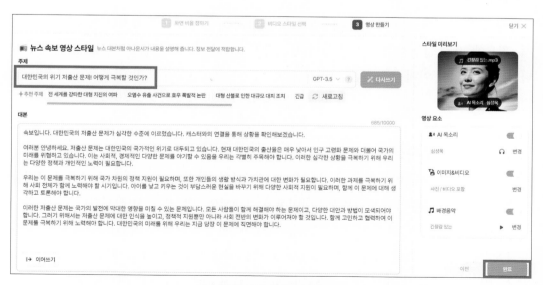
[그림7] 영상 원고 작성하기

3. 오디오 및 비디오 편집 기초

원고 준비가 끝나면 편집 단계로 넘어가 영상에 맞춰 오디오를 조정하고, 화면 전환과 자막 설정 등의 작업을 진행할 수 있다.

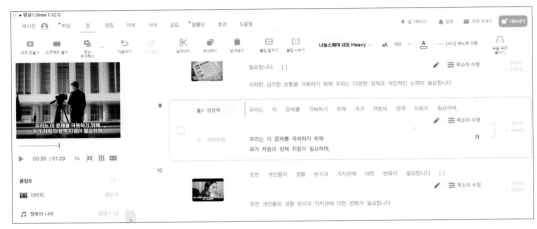

[그림8] 편집 기초화면

1) 영상 클립

영상 편집은 다채로운 기능을 제공하는데, 사용자는 클립을 추가하거나 제거할 수 있으며, 필요에 따라 클립을 합치거나 분리하는 것이 가능하다. 또한 인공지능을 통해 생성된 다양한 스타일의 이미지로 기존 이미지를 대체할 수 있고, 자막 또한 자유롭게 편집할 수 있다.

(1) 클립 삭제 및 수정

만약 편집한 클립이 마음에 들지 않는다면, 화면상의 첫 번째 네모 박스를 선택해 삭제할 수 있는 '가위 아이콘'이 나타나며, 이 아이콘을 클릭하면 클립은 즉시 삭제된다. 또한 클립에 포함된 이미지나 비디오를 변경하고 싶다면, 'PC에서 불러오기' 옵션을 선택해 개인 컴퓨터에 저장된 사진으로 대체하거나 Vrew가 제공하는 무료 에셋이나 비디오로 교체할 수 있다. 이러한 과정을 통해 사용자들은 손쉽게 자신만의 콘텐츠를 맞춤 제작할 수 있게 된다.

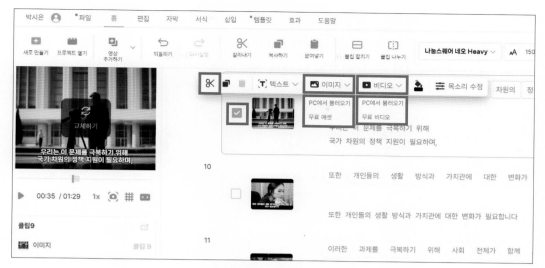

[그림9] 클립 편집하기

(2) 클립 합치기 & 나누기

영상이 원하는 길이가 아닐 경우 클립을 연결해 길이를 늘리거나, 하나의 클립을 여러 부분으로 나누어 짧게 만드는 방법을 통해 원하는 대로 영상의 길이를 맞춤 설정할 수 있다.

합치고자 하는 영상들을 선택한 후, 상단에 위치한 '클립 합치기' 버튼을 클릭하면 두 클립이 하나로 결합되며 이 과정에서 자막도 자동으로 통합돼 깔끔하고 일관된 영상으로 재구성된다.

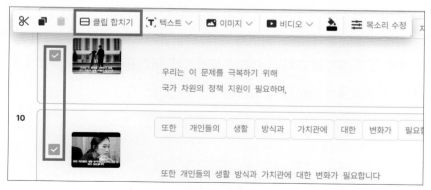

[그림10] 클립 합치기

반대로 한 클립의 대본이 길어서 분할을 원한다면 분할하고자 하는 지점에 커서를 위치시키고 엔터 키를 누르면 영상은 두 부분으로 나뉘며 자막과 음성도 같이 분리된다. 이전에는 하나의 긴 클립이었던 것이, 이제는 두 개의 독립된 클립으로 변환된다.

[그림11] 클립 나누기 전, 후

(3) AI 이미지로 바꾸기

만약 클립에 삽입된 이미지가 마음에 들지 않는다면 '교체하기' 버튼을 클릭한다. 다양한 이미지나 비디오로 교체할 수 있는 화면이 나타나며 '결과보기' 버튼을 누르면 AI가 새로운 이미지를 실시간으로 생성해 준다. 'PC에서 불러오기' 버튼을 사용하면 사용자가 소장하고 있는 이미지를 업로드해서 사용할 수 있다.

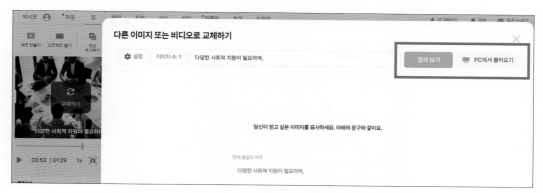

[그림12] 이미지 교체하기

2) 자동 자막 생성 및 편집하기

(1) 자막 수정 기초

단순 자막을 수정하고자 할 때는 자막 영역을 클릭하면 된다. 이렇게 하면 즉시 원하는 대로 자막을 바꿔 삽입할 수 있어 효율적이고 손쉬운 편집이 가능하다.

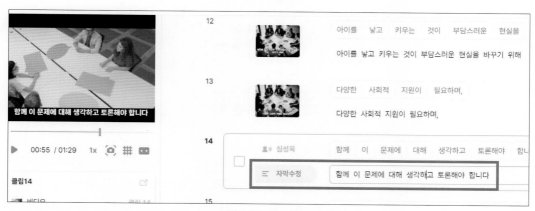

[그림13] 자막 수정 기초

(2) 자막 수정 심화

자막 편집 기능을 통해, 굵기, 기울임, 색상, 폰트, 사이즈, 스타일, 위치 등을 자유롭게 조정할 수 있다. 다양한 조정 옵션을 활용함으로써 각기 다른 스타일과 느낌을 지닌 독창적인 영상도 제작할 수 있다.

메뉴 영역에서 '서식'을 선택하면 다양한 메뉴 옵션을 확인할 수 있다.

[그림14] 자막 수정 심화

자막 가독성이 낮을 경우, 배경을 추가해 글자를 더욱 돋보이게 만들 수 있으며, 위치 옵션을 사용해 자막의 위치를 정밀하게 조정할 수 있어, 원하는 대로 세밀하게 편집이 가능하다.

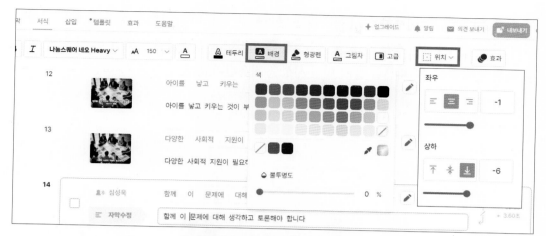

[그림15] 자막 배경과 위치 변경하기

3) 목소리 선택 및 음악 넣기

(1) AI 목소리 선택하기

Vrew에서는 AI 목소리를 무료 및 유료 옵션으로 제공하고 있으며 예시에서는 무료 버전을 사용했다. AI 목소리를 활용하면 맑고 또렷한 톤으로 자막을 낭독해 청취자에게 보다 명확하고 인상적인 청취 경험을 제공하는 이점이 있어 많이 사용되는 기능이다.

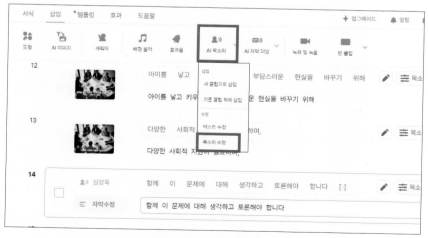

[그림16] AI 목소리 변경하기

메뉴에서 '삽입'을 선택하고 AI 목소리를 클릭하면, 목소리를 맞춤 설정할 수 있는 옵션이 나타난다. 여기에서는 성우의 음량, 속도, 톤을 조절하고 성별까지 선택할 수 있으며, 설정을 마친 후에는 '확인' 버튼을 눌러 변경 사항을 적용한다.

[그림17] AI 목소리 설정

(2) 배경음악 넣기

메뉴에서 '삽입'을 선택하고 '배경음악' 옵션을 클릭하면 오른쪽에 배경음악 패널이 표시된다. 다양한 무료 음악 중에서 미리 듣고 마음에 드는 곡을 선택할 수 있고, 키워드 검색을 통해 원하는 음악을 빠르게 찾을 수 있다.

'확인' 버튼을 클릭하면 선택한 음악이 영상에 삽입된다. 음악을 빼고 싶다면 배경음악 아이콘의 'X' 버튼으로 음악을 삭제할 수도 있다. 또한 특정 구간에만 배경음악을 적용하고 싶다면 해당 클립을 선택하고 '삽입하기' 버튼을 누른 후 배경음악 적용 범위를 조절할 수 있다.

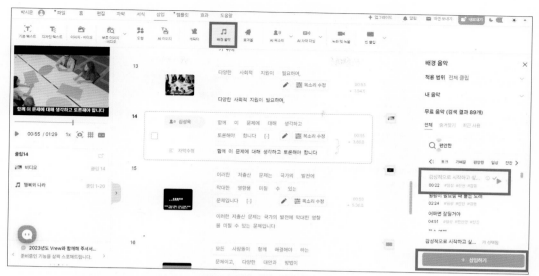

[그림18] 배경음악 넣기

4. 뉴스 속보용 템플릿과 스타일링

1) 뉴스 속보 템플릿 이해하기

선거 캠페인 중 정치인은 지역사회와 깊이 연계된 활동을 하게 된다. 예를 들어 쓰레기 줍기 활동, 어르신 쉼터 방문, 종교 기관 방문, 음식 배식 등 다양한 봉사 활동을 수행하게 되는데 이런 활동과 더불어 지역주민에게 도움이 되는 실시간 주요 뉴스를 짧은 영상으로 제작해 주민들에게 제공할 수도 있다.

본 예시에서는 '홍길동 후보, 대학생들과 함께 마을 담벼락 칠하기로 온정 나눔'을 주제로 Vrew를 활용한 뉴스 속보 영상 제작 방법을 소개한다.

[그림19] AI로 대본 생성하기

2) 헤드라인 설정과 사진 편집하기

헤드라인 '홍길동 후보, 대학생들과 함께 마을 담벼락 칠하기로 온정 나눔 펼쳐'를 자막으로 설정하고, 메뉴에서 '삽입'을 통해 글자 뒤에 도형을 추가해 가독성을 높였다. 또한 실제 봉사 활동 사진이 있다면 이미지를 삽입해 시각적으로도 내용을 강조할 수 있다.

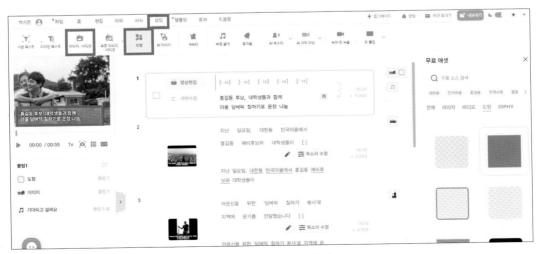

[그림20] 헤드라인 작성

(1) 사진 비율 정하기

사진을 삽입할 때는 '비율 유지하며 채우기', '잘라서 채우기', '늘려서 채우기' 세 가지 방식 중 선택할 수 있다. 사진을 클릭하면 이 옵션들 중 하나를 선택할 수 있으며 본 예시에서는 '늘려서 채우기'를 선택해 화면 전체를 채우는 방식으로 편집했다.

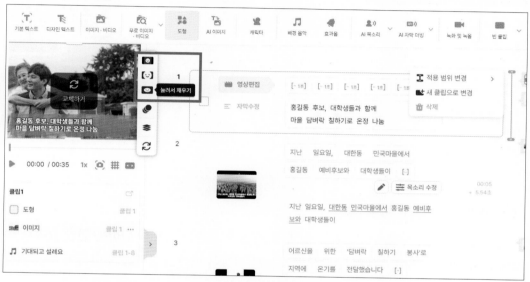

[그림21] 이미지 삽입 방법

(2) 이미지 순서 설정하기

이미지나 영상 위에 추가로 다른 사진과 영상을 삽입할 수 있으며, 겹친 콘텐츠의 표시 순서를 '맨 뒤로 보내기', '뒤로 보내기', '앞으로 보내기', '맨 앞으로 보내기' 기능을 통해 콘텐츠의 시각적 배치와 중요도를 정밀하게 편집할 수 있다.

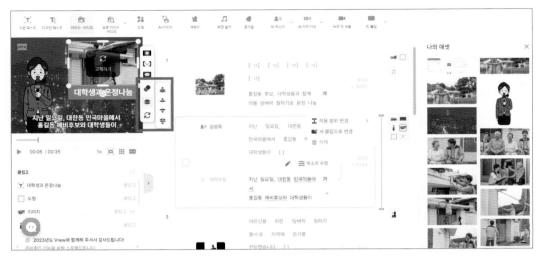

[그림22] 화면 순서 설정하기

(3) 화면 전환 효과 주기

클립 간 전환 시, 등장/퇴장, 강조, 확대 등 다양한 효과를 사용해 원하는 전환 효과로 수정이 가능하다. 이러한 효과들은 영상의 흐름과 시각적 매력을 다채롭게 만들어 주는 역할을 한다.

[그림23] 화면 전환 효과

5. 뉴스 속보 영상의 배포 및 공유

뉴스 속보 영상을 효과적으로 배포하려면, 유튜브, 블로그, 인스타그램 등의 플랫폼에 업로드하는 것이 좋다. 업로드 후 관련 키워드나 해시태그로 검색 최적화를 하고, 대상 청중에게 링크를 보내거나 다른 사이트에 임베드할 수 있으며, 이메일 뉴스레터나 메시징 앱을 통해 넓은 범위로 공유함으로써 유권자들을 대상으로 선거 활동을 더욱 활발히 진행할 수 있다.

Epilogue

이 책을 마치며 선거 환경의 변화 속에서 영상은 앞으로도 더욱 중요한 역할을 하게 될 것이다. Vrew와 같은 생산적인 AI 도구를 통해 뉴스 속보 제작이 간소화되고, 유권자들에게 더 신속하고 효과적인 메시지 전달이 가능해졌다. 이는 정보의 시대에 우리가 어떻게 더 나은 커뮤니케이션과 상호 작용을 할 수 있는지에 대한 진전을 의미한다.

또한 이러한 변화는 단순히 기술적 진보를 넘어서 더 넓은 의사소통과 상호 작용의 가능성을 열어주고 있다. 앞으로의 선거는 이와 같은 AI 도구들을 더욱 효과적으로 활용함으로써 유권자와의 교류를 강화하고 더욱 명확하고 시의적절한 메시지 전달을 가능하게 할 것이라 생각한다.

2

AI 활용 비디오 스튜 숏폼
콘텐츠, '유튜브 쇼츠 &
인스타 릴스' 선거전략

유 채 린

제2장
AI 활용 비디오 스튜 숏폼 콘텐츠, '유튜브 쇼츠 & 인스타 릴스' 선거전략

Prologue

인공지능, 즉 AI(Artificial Intelligence)는 컴퓨터나 기계가 사람처럼 학습하고 추론하는 능력을 부여하며, 문제를 독립적으로 해결하는 능력을 갖추게 하는 기술을 의미한다. 이는 곧 컴퓨터에게 인간의 복잡한 지능을 모방하고 이를 활용하는 능력을 부여하는 것으로, 이를 통해 컴퓨터는 다양한 데이터를 분석하고 이해하며, 사람의 음성을 인식하고, 자연어를 처리하는 등의 복잡한 작업을 수행할 수 있다. 이는 단순히 지시된 명령을 실행하는 것을 넘어서서 스스로 학습하고 이해하면서 더욱 복잡한 작업을 수행할 수 있게 됐다는 뜻이다.

AI 기술은 다양한 분야에서 활용되며 그 중요성은 계속해서 증가하고 있다. AI가 보유한 능력이 매우 다양하고 유연하며 빠른 속도로 발전하고 있기 때문이다. AI는 대규모 데이터 세트를 빠르고 정확하게 분석할 수 있으며 이를 통해 유용한 통찰력을 제공할 수 있다. 이를 활용하면 기업은 사업 전략을 세우거나 고객의 행동 패턴을 분석하는 데 도움이 된다.

또한 AI는 음성 인식 기술을 통해 사람의 음성을 인식하고 이해할 수 있으며 이를 통해 사람과 기계 간의 상호 작용을 더욱 간편하고 효과적으로 만들 수도 있다. 게다가 AI는 자연어 처리 기술을 통해 사람의 언어를 이해하고 이를 기반으로 텍스트를 생성하거나 번역하는 등의 작업을 수행할 수 있다. 이 때문에 텍스트 생성, 번역, 감성 분석 등 다양한 분야에서 활용되고 있다.

AI 기술은 기계가 인간의 능력을 모방하고 이를 통해 인간이 수행하는 복잡한 작업을 기계가 수행할 수 있게 하는 것을 의미한다. 현재 AI 기술은 빠르게 발전하고 있으며 이미 다양한 분야에서 활용되고 있다. 이는 의료, 금융, 교육, 유통 등 다양한 분야에서 AI 기술이 활용되고 있는 것을 통해 알 수 있다.

이러한 AI 기술의 개요와 현황을 이해하는 것은 '숏폼 콘텐츠 선거전략'에 AI를 활용하는 게 중요하다. AI 기술을 활용하면 선거 후보자는 유권자들의 행동 패턴을 분석하고 이를 통해 보다 효과적인 선거전략을 수립할 수 있게 되기 때문이다.

이처럼 AI 기술은 유권자들의 관심 사항을 파악하고 이를 반영한 메시지를 전달함으로써 선거 후보자가 유권자들과의 소통을 강화하고 유권자들의 지지를 얻는 데 중요한 역할을 한다.

또한 AI를 활용하면 선거 관련 데이터를 빠르고 효과적으로 분석할 수 있다. AI는 대규모 데이터를 빠르게 처리하고 분석할 수 있으며 이를 통해 선거 후보자는 유권자들의 행동 패턴, 선호, 트렌드 등을 실시간으로 파악하고 이를 바탕으로 적시에 적절한 선거전략을 수립하고 실행할 수 있기 때문이다. 그렇기에 선거 캠페인의 효율성을 높일 수 있다. 이는 선거 결과 예측, 선거 유세 지역 선정, 유권자 선호도 분석 등 다양한 방면에서 활용될 수 있다.

결론적으로, AI 기술은 그 능력과 활용 가능성이 다양하고 빠른 속도로 발전하고 있기 때문에 다양한 분야에서 중요한 역할을 하고 있다. 특히 유튜브 선거전략에 AI를 활용하면 선거 후보자는 유권자들의 행동 패턴을 보다 정확하게 예측할 수 있다. AI는 유권자들의 반응을 실시간으로 분석하고 이를 토대로 캠페인의 효과를 즉시 평가하고 필요한 경우 캠페인 전략을 즉시 수정하는 것을 가능하게 한다. 이는 선거 캠페인의 효과를 최대화하는 데 큰 도움이 된다.

인공지능(AI) 기술은 선거 캠페인에 빠질 수 없는 중요한 도구로써의 역할을 할 것으로 보인다. AI는 선거 유세 활동에 있어서 효과적인 메시지 전달, 개인화된 소통, 데이터 분석 및 예측, 그리고 효율적인 자원 배분 등 다양한 방면에서 큰 도움을 줄 수 있기 때문이다.

AI 기반 챗봇이나 GPT-4와 같은 고급 AI 언어 모델을 활용해 숏폼의 영상 콘텐츠를 제작하면 보다 효과적인 메시지 전달과 소통이 가능해진다. AI는 유권자들의 선호나 행동 패턴을 분석해 각자에게 맞는 맞춤형 메시지를 제공하는 능력을 갖췄다. 이를 통해 각 유권자에게 더욱 효과적인 메시지를 전달하고 그들의 참여와 지지를 끌어내는 역할을 하게 된다. 이는 선거 캠페인에 있어서 중요한 요소인데 유권자들의 개별적인 선호와 요구를 충족시키는 것이 선거의 승리를 가져올 수 있는 결정적인 요인이기 때문이다.

또한 AI는 대량의 데이터를 빠르고 정확하게 분석할 수 있어 캠페인의 효율성을 높일 수 있다. AI는 실시간으로 데이터를 분석하고 그에 따라 전략을 수정하거나 개선하는 능력이 있다. 이를 통해 유권자들의 변화하는 선호나 행동에 신속하게 대응할 수 있게 된다. 이는 캠페인의 실시간 대응력을 향상시키는 데 큰 도움이 된다. 이는 유권자들의 빠르게 변하는 행동 패턴 및 선호를 즉시 파악하고 이에 반응하는 능력이 필요한 오늘날의 선거 환경에 매우 적합한 기능으로 보인다.

AI는 새로운 형태의 콘텐츠 제작을 가능하게 한다. 예를 들어 챗봇이나 가상 인물 등을 활용해 유권자들이 직접 참여하거나 상호작용할 수 있는 콘텐츠를 제작할 수 있다. 이런 방식으로 AI는 유권자들과의 상호 작용을 향상시키며 유권자들의 관심을 유발하는 콘텐츠를 제작하는 데에도 활용될 수 있다.

AI 기술의 활용은 선거 유세 활동에서의 효과성을 극대화할 수 있는 도구로써 중요한 역할을 한다. 그러나 그만큼 이를 적절하게 관리하고 윤리적인 문제를 해결하는 데에도 노력이 필요하다. 예를 들어 AI를 활용한 선거 캠페인에는 개인 정보 보호, 투명성, 공정성 등에 대한 고려가 필요하다. 이러한 문제들에 대한 적절한 해결 방안을 마련하는 것이 중요한데 AI의 잘못된 활용은 유권자들의 불신을 살 수 있으며 이는 선거 캠페인의 실패로 이어질 수도 있기 때문에 중요한 부분이다.

따라서, AI 기술을 선거 캠페인에 활용할 때는 이러한 윤리적인 측면을 충분히 고려해야 한다. 이를 위해 선거 캠페인 팀은 AI 기술의 활용에 관한 충분한 이해를 갖고 있어야 하며 이를 적절하게 관리하고 제어할 수 있는 능력이 필요하다. 또한 AI 기술의 활용과 관련된 법적인 규제나 가이드라인을 충분히 숙지하고 이를 준수해야 한다.

요약하면, AI 기술은 선거 캠페인에 있어서 효과적인 메시지 전달, 개인화된 소통, 데이터 분석 및 예측, 그리고 효율적인 자원 배분 등 다양한 방면에서 큰 도움을 줄 수 있다. 그러나 그만큼 AI를 적절하게 관리하고 윤리적인 문제를 해결하는 데에도 노력이 필요하다. 이러한 점들을 잘 고려해 AI 기술을 선거 캠페인에 활용한다면 선거 캠페인의 성공을 위한 강력한 도구로써의 역할을 충분히 수행할 수 있을 것이다.

1. '숏폼 콘텐츠'를 활용한 선거 유세 활동의 필요성

1) 유튜브와 인스타그램의 영향력

현대 사회에서 '유튜브'는 그 인기와 영향력을 통해 단순한 온라인 동영상 플랫폼을 넘어 강력한 미디어 도구로 자리매김하고 있다. 이는 유튜브가 전 세계적으로 20억 명 이상의 사용자를 보유하고 있음을 통해 명확하게 확인되는 바이다. 이처럼 유튜브는 어떤 메시지든지 간에 전달하는 이들에게 지대한 영향력을 발휘할 수 있는 플랫폼으로 전 세대를 아우르고 있다. 그 결과 누구든지 유튜브를 통해 자신의 의견이나 아이디어를 세상에 널리 알리는 등 다양하게 활용하고 있다.

'인스타그램'도 마찬가지이다. 2023년 7월 기준 약 16억 명의 가입자를 보유하고 있는 인스타그램은 단순히 사진과 영상을 공유하는 플랫폼을 넘어 사람들의 의사소통 방식, 소비 행태, 심지어 사회 문화까지 변화시키는 역할을 하고 있다.

인스타그램의 의사소통 방식은 텍스트보다 이미지와 영상에 더 큰 비중을 둠으로써 사용자들은 자신의 이야기를 더 풍부하고 다채롭게 표현할 수 있도록 하고 있다. 또한 소비 행태에도 큰 영향을 끼치고 있다. 소비자들은 상품에 대한 정보를 얻거나 다른 사용자의 후기를 참고하는 등 인스타그램을 통해 구매 결정을 내리는 경우가 많다. 게다가 다양한 사람들의 생활 모습의 공유를 통해 새로운 트렌드가 생성되기도 하고 사회적 이슈가 확산되는 등 인스타그램은 새로운 문화를 만들어 내기도 한다.

이처럼 인스타그램은 우리의 의사소통, 소비, 문화에 깊은 영향을 미치는 동시에 디지털 시대의 사회 변화를 선도하는 중요한 역할을 수행하고 있다.

특히 젊은 세대를 중심으로 그 인기는 하루가 멀다 하고 꾸준히 증가하고 있다. 이는 유튜브와 인스타그램이 젊은 사용자들 사이에서 막대한 인기를 누리는 동시에, 선거 유세 활동에 있어서 그 중요성을 부각시키는 현상이기도 하다. 다양한 콘텐츠 형식을 지원하므로 후보자들이 본인의 정책과 비전을 다양하고 창의적인 방식으로 표현할 수 있다. 또한 이를 통해 유권자들에게 직접적으로 메시지를 전달하는 데 유용한 특징을 갖고 있다. 즉, 이러한 플랫폼을 통해 후보자들은 자신의 정치적 입장과 목표를 보다 효과적으로 전달할 수 있게 된다.

또한 후보자들이 대중에게 자신의 이야기를 효과적으로 전달하고 유권자들의 시선을 자신에게 집중시키는 데 중요한 역할을 한다. 이를 통해 유권자들의 관심을 끌어낼 수 있으며 이는 결국 선거의 결과에도 큰 영향을 미칠 수 있다. 유권자들의 관심을 끌어내는 것은 선거에서 성공하는 데 있어 중요한 요소이기 때문이다.

유튜브와 인스타그램과 같은 플랫폼을 이용한 선거 활동은 오늘날 디지털화된 세상에서 빠질 수 없는 핵심 전략이며 이를 잘 활용하는 것이 선거에서 성공을 거두는 데 결정적인 역할을 하는 것이다. 따라서 후보자들은 이를 통해 유권자들에게 자신의 정책과 비전을 적절하게 전달하고, 이를 통해 선거에서 승리를 거두는 데 중요한 역할을 하는 플랫폼의 중요성을 인식해야 한다.

2) 유튜브, 인스타그램을 통한 유권자 동원의 장점

SNS를 활용한 선거 유세 활동은 유권자 동원에 있어서 상당히 이로운 점이 있다. 대중들에게 직접적으로 접근할 수 있는 디지털 플랫폼이기 때문에 선거 후보자가 보다 개인화된 방식으로 명확하고 쉽게 이해할 수 있는 메시지를 유권자에게 직접 전달할 수 있게 해준다. 이는 전통적인 유세 활동 방식에서는 힘든 방법으로, 후보자는 유권자에게 직접적으로 그리고 더욱 효과적으로 자신의 정책을 전달할 수도 있다.

또한 시청자들의 관심과 참여를 유발할 수 있는 다양한 기능과 상호 작용을 제공하므로 유권자들의 참여를 더욱 촉진하고 유발하는 데 큰 도움이 된다. 댓글 기능을 통해 시청자들은 자신의 의견을 자유롭게 표현하고 이를 통해 후보자와의 소통이 이루어질 수 있다. 이러한 소통의 방식은 후보자가 유권자들의 의견을 직접 듣고 그들의 정책에 대한 피드백을 수렴하는 좋은 기회를 제공하며 이는 선거전략을 개선하고 유권자들의 지지를 얻는 데 매우 중요한 요소이다. 그뿐만 아니라 선거 후보와 유권자 사이에 쌍방향 소통이 가능하게 돼 유권자들의 적극적인 참여를 유도하는데 크게 기여하게 된다.

또한 다양한 연령대와 지역의 유권자들에게 접근할 수 있는 도구로 효율성을 높일 수 있다. 전 세계 수많은 사람이 이용하는 플랫폼이기 때문에 해외의 유권자들에게도 손쉽게 접근할 수 있다. 이는 선거의 효율성을 높이는 데에도 큰 효과가 있다. 따라서 이를 잘 활용하는 것이 선거에서의 성공을 결정짓는 중요한 요소라고 할 수 있다.

2. AI를 활용한 쇼츠와 릴스, 숏폼 콘텐츠 선거전략의 구체적인 방법

인공지능(AI)은 숏폼 콘텐츠 선거전략을 진행하는 데 있어 다양한 방식으로 활용할 수 있는 획기적인 도구이다. AI의 첨단 기술을 이용하면 선거전략의 진행 과정이 훨씬 더 효과적이고 효율적으로 이뤄질 수 있다.

첫 번째 AI 활용 전략은 '트렌드 분석'이다. AI는 대량의 데이터를 빠르고 정확하게 분석하는 능력을 갖추고 있다. 이를 유튜브 플랫폼에 적용하면 어떤 콘텐츠가 현재 트렌드인지 그리고 어떤 콘텐츠가 유권자들 사이에서 호응을 얻고 있는지를 실시간으로 파악하는 것이 가능해진다. 이 정보는 선거 캠페인이 빠르게 변하는 유튜브 트렌드를 정확하게 이해하고 이에 맞는 콘텐츠를 제작하거나 전략을 수정하는 데에 필요한 근거가 된다.

두 번째는 '맞춤형 콘텐츠 제작'이다. AI는 유권자들의 선호와 반응을 세밀하게 분석해 그에 따라 개인화된 콘텐츠를 제작하는 데 활용될 수 있다. 예를 들어 AI는 유권자들이 가장 관심을 보이는 이슈나 토픽을 파악하고 이를 바탕으로 적합한 콘텐츠를 제작하는 데 도움을 줄 수 있다. 이를 통해 선거 캠페인은 각 유권자에게 더욱 효과적인 메시지를 전달할 수 있게 되는 것이다.

마지막으로, AI는 '콘텐츠 배포 전략'에도 활용될 수 있다. AI는 각 유권자들이 유튜브를 어떤 시간에 가장 많이 이용하는지, 또 어떤 종류의 콘텐츠에 가장 높은 반응을 보이는지 등을 분석할 수 있다. 이를 바탕으로 캠페인은 콘텐츠를 언제, 어디서, 어떻게 배포할지 결정하는 것이 가능하다. 이는 선거 캠페인이 콘텐츠를 더욱 효율적으로 배포하고 유권자들과의 소통을 극대화하는 데에 매우 중요한 부분이다.

예를 들어 AI가 분석한 데이터에 따르면 특정 유권자 그룹이 주로 저녁 시간에 유튜브를 이용한다면 그 시간대에 콘텐츠를 배포하는 것이 좋을 것이다. 또한 특정 유권자 그룹이 특정 주제의 콘텐츠에 높은 관심을 보인다면 그 주제를 중심으로 한 콘텐츠를 제작하고 배포하는 것이 효과적일 것이다. 이처럼 AI를 활용하면 선거 캠페인은 유권자들의 관심과 행동 패턴에 따라 콘텐츠 전략을 더욱 세밀하게 조정하고 최적화할 수 있게 된다.

1) 챗GPT나 뤼튼을 활용한 콘텐츠 제작

인공지능(AI) 도구인 챗GPT와 뤼튼을 활용하면 유튜브 콘텐츠 제작 과정이 훨씬 효율적이고 창의적으로 될 수 있다는 것은 이미 많은 사람이 알고 있는 사실이다. 이러한 도구들은 유권자들의 코멘트 분석, 대화형 콘텐츠 제작 등 다양한 방식으로 활용될 수 있다.

먼저, 챗GPT와 뤼튼을 활용해 유권자들의 '코멘트를 분석'하는 방식을 생각해 볼 수 있다. 이 AI 도구들은 대량의 코멘트 데이터를 빠르고 정확하게 처리할 수 있으므로 유권자들의 의견과 반응을 실시간으로 파악하는 데 큰 도움이 된다. 이를 통해 콘텐츠 제작자는 유권자들의 피드백을 즉시 반영하고, 그들의 요구와 관심사에 맞는 콘텐츠를 제작하는 것이 가능해진다. 즉, 이 AI 도구들은 유권자들의 의견을 보다 신속하게 이해하고 그를 바탕으로 콘텐츠를 수정하거나 새롭게 제작하는 데 큰 역할을 하게 되는 것이다.

다음으로 AI 도구를 활용해 대화형 콘텐츠를 제작하는 것을 고려해 볼 수 있다. 챗GPT나 뤼튼은 실제 사람처럼 대화를 이끌어갈 수 있다. 이를 통해 콘텐츠 제작자는 대화형 비디오나 인터뷰 형식의 콘텐츠를 쉽게 제작할 수 있다. 이러한 콘텐츠는 유권자들과의 직접적인 소통을 가능하게 하므로 그들의 참여와 관심을 더욱 끌어낼 수 있다. 즉, AI 도구를 활용한 대화형 콘텐츠 제작은 유권자들과의 상호 작용을 촉진하고 그들의 참여를 유도하는 데 중요한 역할을 하는 것이다.

마지막으로 AI 언어 모델을 활용해 콘텐츠의 스크립트를 작성할 수 있다. 챗GPT나 뤼튼은 주어진 키워드나 주제에 기반해 효과적인 메시지와 관련된 내용을 자동으로 생성할 수 있다. 이를 활용하면 콘텐츠 제작자는 보다 효율적이고 매력적인 스크립트를 만들어 낼 수 있다. 이는 콘텐츠의 품질을 높이고 유권자들에게 더욱 효과적인 메시지를 전달하는 데에 큰 도움이 된다.

이렇게 AI 도구를 이용하면 콘텐츠 제작자는 기존에는 어려웠던 복잡한 스크립트 작성을 보다 간편하고 효율적으로 처리할 수 있다. 이렇게 생성된 스크립트는 유권자들의 관심사나 트렌드를 반영하게 되니 보다 맞춤화된 콘텐츠를 제공할 수 있다.

더불어 AI 도구는 콘텐츠 제작에 있어서도 다양한 형식의 콘텐츠를 제작하는 데에 활용될 수 있다. 예를 들어 AI 도구를 이용해 교육적인 콘텐츠, 인터뷰 형식의 콘텐츠, 실시간 피드백을 반영하는 콘텐츠 등 다양한 형태의 콘텐츠를 제작할 수 있다. 이는 콘텐츠 제작자가 다양한 유권자 그룹을 대상으로 콘텐츠를 제공할 수 있게 해주며 이는 다양한 유권자 그룹과의 소통을 강화하는 데에 큰 도움이 된다.

이처럼 AI 도구를 활용하면 유튜브 콘텐츠 제작은 보다 창의적이고 효율적으로 이뤄질 수 있다. 이는 유권자들에게 더욱 강력한 메시지를 전달하고 그들의 참여를 촉진하는 데에 중요한 역할을 한다. 따라서 선거 캠페인은 AI 도구를 적극적으로 활용해 유권자들과의 소통을 강화하고, 그들의 의견과 반응을 보다 세밀하게 이해하고 반영하는 전략을 세워야 한다.

또한 AI 도구를 활용한 콘텐츠 제작은 콘텐츠 제작자가 보다 전문적인 콘텐츠를 제공하는 데에 도움을 줄 수 있다. 유권자들에게 보다 신뢰성 있는 정보를 제공하고 그들의 지지를 얻는 데에 중요한 역할을 한다. 따라서 AI 도구를 활용한 유튜브 콘텐츠 제작은 선거에 있어서 매우 중요한 전략적 도구가 될 수 있다.

2) 왜 '숏폼' 콘텐츠인가?

'숏폼' 콘텐츠를 활용해야 하는 이유는 다음과 같다. 첫째, 정보의 소비 패턴이 변화하고 있다. 현대 사회는 정보의 홍수 속에서 살아가고 있다. 이러한 환경에서 사람들은 점점 더 효율적이고 빠르게 정보를 소비하려는 경향이 있다. 짧은 영상은 이런 소비자들의 니즈를 충족시키며 더 빠른 시간 내에 많은 정보를 전달할 수 있다는 장점을 갖고 있다.

둘째, 사람들의 주의력은 일반적으로 제한된 특성을 갖고 있기 때문에 짧은 영상은 이 제한된 주의력을 최대한 활용해 메시지를 효과적으로 전달하는 데 도움이 된다.

셋째, 짧은 영상은 시청자와 감성적인 연결을 빠르게 형성하는 데 도움을 줄 수 있다. 감성적 연결은 브랜드 인지도를 높이고 메시지가 잘 전달하는 데 큰 역할을 한다.

마지막으로 SNS와 호환성 때문이다. 짧은 영상은 SNS와의 호환성이 뛰어나며 이를 통해 더 넓은 범위의 유권자들에게 닿을 수 있다. 특히 틱톡, 인스타그램, 유튜브 등의 플랫폼에서는 짧은 영상이 크게 활용되고 있다.

따라서 이러한 사항을 고려해 짧은 영상을 활용한 캠페인 전략을 구상하시는 것이 더 효과적인 것이다.

짧은 영상 활용 방법은 다양한 형태로 구현될 수 있다. 주요 정책을 소개하는 영상, 개인적인 이야기나 경험의 공유, 유권자들과의 실시간 소통, 캠페인 현장의 모습, 혁신적이고 도전적인 아이디어의 공유 등의 형태이다.

첫째, 주요 정책을 짧고 간결하게 소개하는 영상을 공유하는 것은 복잡하고 어려운 정책 내용을 유권자들이 쉽게 이해할 수 있도록 도와준다. 이는 후보자님의 정책에 대한 이해도를 높이는 데 큰 도움이 된다.

둘째, 개인적인 이야기나 경험을 공유하는 방법도 있다. 이는 짧은 영상을 통해 유권자들과 공감대를 형성해 감정적으로 연결되는 다리를 만들어 줄 수 있다. 후보자의 인간적인 면모를 보여주어 이를 통해 유권자들의 신뢰를 얻는 데 큰 역할을 한다.

셋째, 실시간으로 유권자들과 소통할 수 있다. 짧은 영상을 통해 유권자들과의 거리를 좁혀주고 그들의 의견을 반영한 정책을 제시하는 기회를 만들어 주는 역할을 하며 후보자와 유권자 사이의 소통을 증진시키는 데 효과적이다.

넷째, 캠페인 현장의 모습을 담은 영상을 공유하는 방법이 있다. 이를 통해 유권자들은 후보자님의 선거 활동에 대해 보다 잘 이해하게 될 것이다.

마지막으로 혁신적이거나 도전적인 아이디어를 담은 영상이 있다. 이는 유권자들의 흥미를 끌며 그들에게 새로운 시각을 제시하는 데 도움이 된다.

이런 방법들을 통해 짧은 영상을 활용해 자신을 효과적으로 어필할 수 있게 되는 것이다. 중요한 것은 영상 콘텐츠를 제작할 때 유권자들의 관심사와 니즈를 반영하고, 그들이 쉽게 이해하고, 공감할 수 있는 방식으로 메시지를 전달하는 것이다.

3) '비디오 스튜' 활용을 통한 숏폼 제작

'비디오 스튜'는 AI 기술을 기반으로 한 비디오 제작 플랫폼으로 특히 숏폼 콘텐츠 제작에 매우 탁월한 도구다. 유권자들이 최근에 선호하는 짧고 간결한 형태의 콘텐츠 제작에 있어서 이 플랫폼을 사용하면 시간과 노력을 크게 절약할 수 있다. 또한 사용자는 비디오 스튜를 활용해 높은 퀄리티의 콘텐츠를 쉽고 빠르게 제작할 수 있다.

비디오 스튜의 AI는 비디오 제작의 여러 과정에서 활용된다. 그 주요 작동 방식은 다음과 같다.

사용자가 제공한 스크립트를 AI가 분석해 이를 기반으로 비디오를 제작한다. 이 과정에서 AI는 스크립트의 내용, 문맥, 키워드 등을 파악하고 이를 통해 적절한 비디오 요소를 선정하거나 생성할 수 있다.

이후 스크립트 분석 결과를 바탕으로 적절한 비디오 요소(이미지, 클립, 애니메이션 등)를 데이터베이스에서 선택하게 된다. 이 과정은 사용자의 입력에 따라 맞춤화되며 스크립트의 내용과 맥락에 맞는 비디오 요소를 찾아낸다는 것이 핵심이다.

선택된 비디오 요소들을 AI가 자동으로 조합해 완성된 비디오를 만들어 낸다. 이 과정에서 AI는 스크립트의 흐름과 구조, 각 비디오 요소가 어떻게 연결돼야 할지를 판단한다. 제작된 비디오를 최적화해 필요한 경우 편집을 진행할 수 있다. 이 과정에서 AI는 비디오의 품질을 향상시키고 제작 과정에서 발생할 수 있는 오류를 수정하게 된다.

이처럼 비디오 스튜의 AI는 사용자가 입력한 스크립트를 분석하고 이를 기반으로 적절한 비디오 요소를 선택하고 구성하며 최종적으로 완성된 비디오를 최적화하는 역할을 하게 된다. 이를 통해 사용자는 자신의 아이디어를 효과적으로 비디오로 변환하고 이를 빠르고 간편하게 제작할 수 있는 것이다.

4) 비디오 스튜 이용 방법

(1) 홈페이지 접속하기

다음의 QR 코드나 링크를 통해 비디오 스튜 홈페이지에 접속한다.(https://videostew. com/code/ZPZAHTXARW)

[그림1] 비디오스튜 홈페이지 QR코드

(2) 로그인하기

지금 무료로 시작하기를 통해 새로운 계정을 생성하거나 기존에 가입한 계정이 있다면 기존 계정으로 로그인한다.

[그림2] 비디오스튜 첫 화면

(3) 프로젝트 만들기

로그인이 완료되면 비디오 스튜의 메인 화면에서 '프로젝트 만들기' 버튼을 클릭해 새로운 프로젝트를 시작한다.

[그림3] 프로젝트 만들기 시작 화면

'프로젝트 만들기' 옆의 '템플릿' 메뉴를 먼저 선택해서 제작하고자 하는 비디오의 형식을 선택해서 필요한 형식의 템플릿을 선택해도 좋다. 템플릿을 선택해서 템플릿의 구성을 확인 후 마음에 들면 '이 템플릿으로 만들기'를 통해 새로운 프로젝트를 만들어도 좋다. 비디오 스튜에서는 다양한 템플릿을 제공하므로 자신의 목적과 취향에 맞는 템플릿을 선택할 수 있다.

[그림4] 템플릿 선택하기

(4) 내용 만들기

템플릿을 선택한 후에는 비디오에 넣고자 하는 '내용'을 입력한다. 먼저 프로젝트의 '제목'을 입력한 후 내용을 직접 입력해도 좋고 AI를 활용하기 위해서는 '다음' 버튼을 선택한다.

[그림5] 제목 입력하기

[그림5]처럼 제목을 입력하고 나면 아래의 '내용 제작 선택란'이 나온다. 본문 텍스트를 직접 입력하거나 미리 작성해 둔 블로그 글이나 홈페이지의 내용을 토대로 영상을 제작하고 싶다면 '본문이 있는 URL'을 선택해서 URL을 입력해 준다. 여기서는 AI를 활용하기 위해서 '본문 텍스트' 선택 후, 아무 내용을 넣지 않고 '글다듬기' 버튼을 클릭하면 [그림7]처럼 확인 메시지가 팝업으로 나타난다.

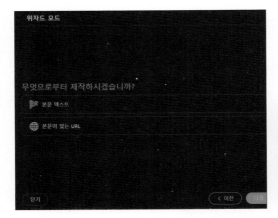

[그림6] [그림7] 제작 모드 선택하기

이때 '확인' 버튼을 누르면 글다듬기를 위해 '영상의 형태'를 선택하고 '창의성 영역'을 조절하면 된다. 영상의 내용이 정보 전달을 위한 내용이라면, 창의성은 낮게 설정하는 것이 좋다. 영상의 형태와 창의성을 조절하고 나서 '확인' 버튼을 클릭하면 AI가 '글다듬기'를 시작한다.

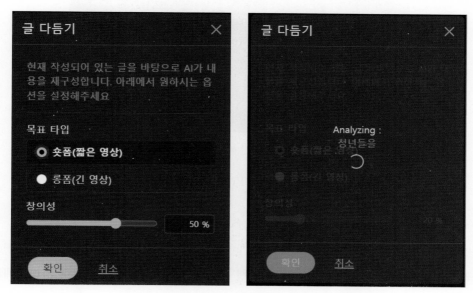

[그림8] [그림9] 타입과 창의성 선택 및 글다듬기

AI가 써 준 스크립트를 보고 편집도 가능하다. 한 칸의 텍스트 박스가 영상에서 한 장면으로 나오기 때문에 문장을 조절하는 것이 필요하다.

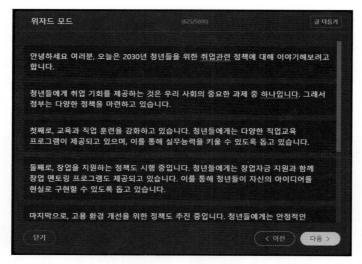

[그림10] AI가 써준 스크립트

(5) 동영상 적용 옵션 선택하기

스크립트를 확인하고 '다음'으로 넘어가면 [그림11]과 같은 화면이 나오는데 이 단계에서 하나씩 선택해서 적용해도 되고, 비디오 생성 후 편집이 가능한 영역이기도 하다. '배경음악'과 '나레이션'은 꼭 확인하는 것이 좋다. 이 부분에서 '다음' 버튼을 누르면 비디오 스튜의 AI가 이를 분석해 비디오를 자동으로 생성한다.

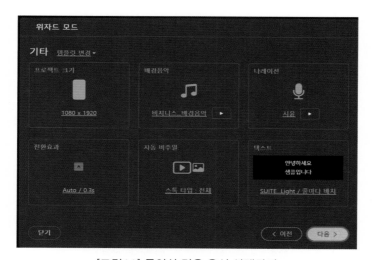

[그림11] 동영상 적용 옵션 선택하기

(6) 편집하기

생성된 비디오를 확인한 후 필요한 경우 '편집'을 진행할 수 있다. 비디오 스튜는 다양한 편집 도구를 제공하므로 사용자는 자신의 취향에 맞게 비디오를 수정하거나 개선할 수 있다. 만약 비디오스튜에서 처음으로 비디오를 생성한 것이라면, 생성 후에 [그림12]처럼 팝업창이 뜬다. 12개의 팝업을 통해 각 메뉴를 설명해 주므로 놓치지 않는 것이 좋다.

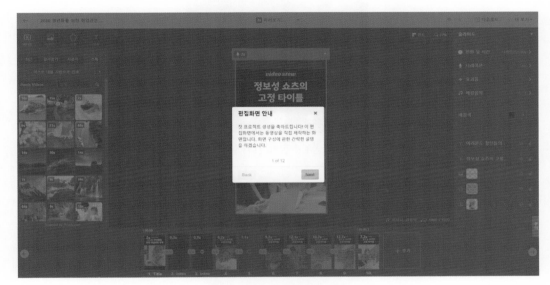

[그림12] 편집화면 안내문

이때 '전체 미리보기'에서 전체 재생 시간은 '59초 이내'로 하는 것이 좋다. 유튜브의 경우 1초 정도 넘어가는 경우가 있기에 60초에 딱 맞춰 제작하는 것보다는 1초 정도는 여유를 두고 초를 조정하도록 한다.

'힌트 부분'을 클릭해서 '빨간 점선'이 표시되도록 한다. 이 부분이 시청하는 사람에게 가려지지 않고 가독성 있게 들어오는 부분이다.

[그림13] 힌트 영역 설정

 AI로 제작한 영상의 경우 '비디오 스튜'의 로고와 나레이션이 들어가는 부분이 등장하는데 이는 편집을 통해 수정이 가능하다. 목소리와 영상 장면 등을 편집한 후에는 '미리보기'로 확인해 본다.

[그림14] 영상 편집하기

(7) 저장 및 다운로드

편집이 완료되면 사용자는 비디오를 '저장'하고 '다운로드'해 사용할 수 있다. 비디오로 저장해 영상을 사용하면 되며, 이미지로 다운로드하면 각 장면의 이미지를 블로그나 다른 게시물의 이미지로도 사용이 가능하다.

[그림15] 다운로드하기

비디오 스튜라는 AI 기반 비디오 편집 플랫폼을 활용하면 동영상 편집과 효과 적용을 자동화해 시간과 노력을 크게 절약하면서도 퀄리티 높은 숏폼 콘텐츠를 만들 수 있다. 이렇게 생성된 콘텐츠는 유튜브, 인스타그램 등의 플랫폼에서 유권자들에게 효과적으로 전달될 수 있다.

3. '메트리쿨 예약 서비스'를 활용한 효율적인 일정 관리

'메트리쿨'은 SNS를 좀 더 효율적으로 관리할 수 있는 일정 관리 페이지로 특히 다양한 SNS를 동시에 이용하는 사람들에게 매우 효과적인 서비스를 제공하고 있다. 분석된 데이터를 토대로 메트리쿨 시스템을 잘 이용한다면 유권자들과의 만남을 증가시키는 데 중요한 역할을 담당하게 될 것이다.

각각의 SNS, 연령과 성별에 따라 이용하는 시간대가 다르다. 이용 시간대에 맞는 각각의 업데이트 일정을 메트리쿨을 이용해 설정해 놓는다면 더 많은 유권자와 소통할 수 있게 된다.

메트리쿨 사용 방법은 다음과 같다.

1) 회원 가입하기

아래의 QR코드나 링크를 통해 '메트리쿨 사이트'에 접속한 후 회원 가입을 한다.(https://app.metricool.com/)

[그림16] 메트리쿨 홈페이지 QR코드

2) 로그인 정보 입력

로그인 후, 사용하는 플랫폼의 로그인 정보를 입력해서 활성화한다.

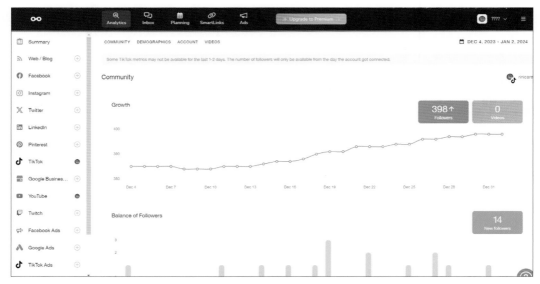

[그림17] 메트리쿨 사이트 로그인 후 첫 화면

3) Planning 통해 날짜 시간 선택하기

'Planning' 탭을 선택해서 일정을 확인한 후, 영상 업로드가 되기를 원하는 '날짜'와 '시간'을 선택한다.

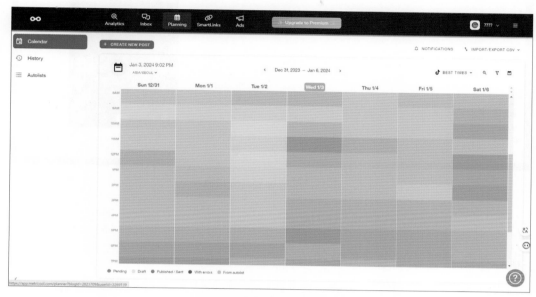

[그림18] Planning 탭 화면

4) 업로드하기

선택하고 나면 [그림19]처럼 '영상 및 내용'을 입력하는 팝업창이 나타난다. 이곳에 다운로드한 영상을 드래그하거나 파일 선택을 통해 '업로드'한다. 왼쪽 윗부분에 내가 이용할 플랫폼을 선택 후 아래의 사항을 모두 입력해 주면 된다.

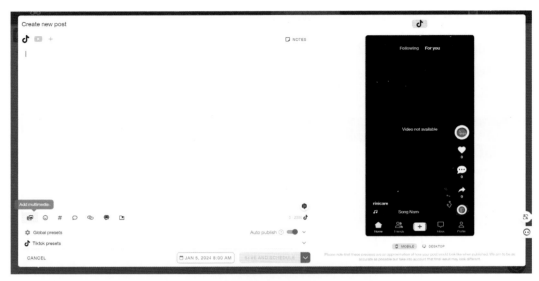

[그림19] 영상 업로드 화면

5) 스케줄 플랫폼에 업로드하기

각각의 플랫폼의 규정에 맞게 다 입력하고 나면 빨간색으로 된 수정 사항 표시가 사라진다. 업로드 관련 내용을 모두 입력 후 'SAVE AND SCHEDULE'을 클릭해서 업로드 스케줄을 완성하면 해당 날짜, 시간에 맞춰 각각의 플랫폼에 업로드된다.

[그림20] 업로드 할 SNS 선택 및 내용 입력하기

메트리쿨을 이용해서 각각의 플랫폼에 대한 사용자 정보에 맞게 업로드 스케줄을 맞춰놓는다면 영상 하나로 몇 배의 효과를 가져오게 될 것이다.

4. 숏폼 콘텐츠 선거전략에서 AI의 활용

숏폼을 활용한 선거전략에서 AI의 활용은 상당히 다양한 방식으로 이뤄질 수 있다. 그중에서도 특히 주목할 만한 세 가지 방식은 다음과 같이 설명할 수 있다.

첫 번째, '콘텐츠 제작과 분석'이다.

AI 언어 모델은 유권자들의 다양한 의견, 관심사, 불만 사항 등을 깊이 있게 분석하고 이해하는 데 사용된다. 이 과정에서 AI는 빅데이터를 활용해 유권자들의 선호와 반응을 파악하는 역할을 하게 된다. 이러한 데이터 분석을 통해 후보자의 메시지는 유권자들의 관심사와 기대에 맞추어 최적화될 수 있고, 이런 방식으로 후보자들은 유권자들의 관심을 끌고, 그들의 요구와 기대에 부응하는 메시지를 효과적으로 전달할 수 있다.

두 번째, '비디오 편집'이다.

AI 기반 비디오 편집 플랫폼 비디오 스튜를 활용한 숏폼 비디오 제작은 후보자의 정책과 비전을 효과적으로 전달하는데 큰 역할을 한다. 이 방식은 특히 젊은 세대 유권자들에게 매우 효과적이다. AI 편집 플랫폼은 복잡한 내용을 짧고 깔끔한 영상으로 변환해 정보를 쉽게 이해하고 기억할 수 있게 도와준다.

셋째, '유권자 데이터 분석에서 AI의 활용'도 빼놓을 수 없다.

AI는 유권자들의 행동 패턴, 선호도, 반응 등을 분석하는 데 사용된다. 이를 통해 후보자들은 유권자들의 반응을 실시간으로 파악하고 캠페인 전략을 즉시 조정할 수 있다.

이렇게 AI의 데이터 분석 능력과 빠른 응답 속도는 숏폼 콘텐츠 선거전략에서 중요한 역할을 한다. 이는 후보자들이 유권자들의 반응을 신속하게 파악하고 그에 맞는 전략을 세우는 데 큰 도움이 된다.

일반적으로, AI 기술은 데이터 분석과 예측, 콘텐츠 제작에서 큰 장점을 갖고 있다. 이번 선거에서 후보자들은 AI 언어 모델을 활용한 콘텐츠 제작과 분석, AI 기반 비디오 편집 플랫폼을 활용한 숏폼 비디오 제작을 주요 전략으로 삼을 수 있다.

AI 언어 모델은 유권자들의 의견, 관심사, 불만 사항 등을 깊이 있게 분석하고 이해하는 데 사용된다. 이 모델은 빅데이터를 활용해 유권자들의 선호와 반응을 파악하고, 이를 토대로 후보자의 메시지를 최적화할 수 있다. 이 결과 후보자들은 유권자들의 관심을 끌고 그들의 요구와 기대에 부응하는 메시지를 효과적으로 전달하게 된다.

또한 AI 기반 비디오 편집 플랫폼을 활용한 숏폼 비디오 제작은 후보자의 정책과 비전을 효과적으로 전달하는 데 중요한 역할을 한다. 이는 특히 젊은 세대 유권자들에게 매우 효과적이다. 복잡한 내용을 짧고 깔끔한 영상으로 변환해 정보를 쉽게 이해하고 기억할 수 있게 도와줄 수 있다.

이러한 AI를 활용한 동영상 선거전략은 선거 결과에 큰 영향을 미칠 수 있다. 유권자들의 마음을 얻는데 결정적인 역할을 할 수 있고, 후보자들은 이를 통해 유권자들의 지지를 얻을 수 있기 때문이다. AI 기술을 이용해서 선거 활동을 할 수 있게 된 이번 선거는 디지털 시대에 맞춰 선거 방식이 어떻게 발전하고 있는지 보여주는 좋은 예시가 될 것이다.

하지만, 인공지능 기술을 활용한 선거 캠페인은 논란의 여지가 있다. 인공지능 기술을 활용한 가짜 뉴스나 이미지 조작 등이 발생할 수 있기 때문에 이에 대한 대응책이 마련돼야 한다는 목소리도 있다. 이러한 우려를 잠재울 수 있도록 올바르고 적법하게 AI를 활용한다면 멋진 선거가 될 수 있을 것으로 보인다.

3

'캡컷'과 '틱톡' 활용해
디지털 세대를 사로잡는
'AI 선거전략'

김 진 희

제3장
'캡컷'과 '틱톡' 활용해 디지털 세대를 사로잡는 'AI 선거전략'

Prologue

'디지털 바람이 분다. 새로운 세대의 목소리에 귀 기울이다.'

챗GPT와 인공지능이 가져온 혁명으로 우리는 새로운 시대의 문턱에 서 있다. 디지털 기술의 발전은 사회의 모든 영역에 혁신적인 변화를 가져왔고 정치의 장도 예외는 아니다. 특히, 어린 시절부터 디지털 환경에서 성장한 디지털 네이티브 세대가 선거의 중요한 이해당사자로 부상하면서 이들의 목소리에 귀 기울이는 것은 더 이상 선택이 아닌 필수가 됐다.

'디지털 세대를 사로잡는 AI 선거전략'에서는 AI와 디지털 미디어의 결합이 어떻게 선거전략의 판도를 바꾸고 있는지를 알아보고 캡컷과 틱톡, 두 가지 강력한 디지털 플랫폼을 중심으로, 디지털 세대를 사로잡는 효과적인 선거전략을 소개하고자 한다. 이들 플랫폼은 단순한 소통 수단을 넘어, 유권자와의 깊이 있는 연결을 구축하고, 정치 메시지를 효과적으로 전달하는 데 중요한 역할을 할 것이다.

1. 디지털 시대의 선거 캠페인 변화

[그림1] 디지털 시대의 선거 캠페인 변화(출처 : DALL-E 김진희)

1) 인공지능과 소셜미디어의 영향력

현대 사회에서 인공지능(AI)과 소셜미디어의 영향력은 어느 분야보다도 선거 캠페인에 혁신적인 변화를 가져왔다. 이러한 기술의 결합은 선거전략에 있어서 새로운 가능성을 열고 전통적인 선거 운동 방식을 재정립하고 있다. 선거 전략가들에게는 이러한 변화를 이해하고 적응하는 것이 중요한 과제가 될 것이다.

2) 인공지능의 역할

AI는 데이터 분석, 유권자 행동 예측, 맞춤형 콘텐츠 제작 등 다양한 방식으로 선거 캠페인을 지원한다. 유권자 데이터를 분석해 특정 유권자 그룹의 선호와 행동 패턴을 파악함으로써 후보자들은 보다 효과적인 메시지 전달과 전략 수립이 가능해진다. 또한 AI는 소셜미디어 상에서 유권자들의 반응을 실시간으로 분석해 캠페인 메시지를 조정하고 최적화하는 데에도 중요한 역할을 한다.

3) 소셜미디어의 파워

소셜미디어는 정보의 확산 속도와 범위 면에서 전례 없는 힘을 발휘한다. 특히 젊은 세대들이 주로 사용하는 플랫폼인 틱톡, 인스타그램, 트위터 등은 캠페인 메시지를 빠르고 넓게 전파하는 도구로 자리 잡았다. 이러한 플랫폼들은 유권자들과의 직접적인 소통을 가능하게 하며 유권자들의 의견과 반응을 실시간으로 캡처하는 창구 역할을 하고 있다.

<표 1> 후보자의 SNS 활용 유형

행태	내용
정보제공	• 공중파에서 방영되지 않은 TV 토론이나 유세현장을 후보자 홈페이지, 스마트폰, 유튜브에 동영상으로 생중계 • 후보 다큐멘터리와 무한도전식 선거운동 모습 게시 • LBS를 활용한 후보자의 위치와 사진 정보 제공
의견수렴	• 게시판을 통한 유권자의 정책 제안 수렴 • 로고송 공모 • TV토론 질문 수렴 • 궁금증 대답
투표독려	• 선관위, 인증샷 이벤트 '투표소앞 포토타임' 실시

<표 2> 유권자의 SNS 활용

행태	내용
정보제공	• 부정선거운동에 대한 고발 (topsy.com/qr.net/889, 불법 선거운동에 대한 RT 참여)과 위반자 지명수배 • 기업의 투표를 위한 유급휴가 트윗 전파
투표독려	• 부재자 투표용지 인증샷 게시 • 부재자 투표 독려 트윗 게시 : 투표 참여 독려와 부재자 투표 방법 알림 • 파워트위터리안의 투표 독려 • 출퇴근 투표 독려 캠페인
투표 인증샷	• 손바닥에 투표도장을 찍어서 사진을 올리는 등 투표행위를 증명하는 사진을 게시

이슈와 논점 / 발행처 : 국회입법조사처

[그림2] 후보자와 유권자의 SNS 활용(출처 : 이슈와 논쟁)

4) AI와 소셜미디어의 상호작용

AI와 소셜미디어의 결합은 선거 캠페인의 파급력을 크게 증가시키고 있다. AI가 제공하는 데이터 분석 능력과 소셜미디어의 확산력은 서로를 보완하며 유권자들에게 맞춤화된 메시지를 전달할 수 있게 한다.

예를 들어 AI가 분석한 데이터를 기반으로 특정 유권자 그룹에게 특화된 메시지를 소셜미디어를 통해 전파함으로써 보다 효과적인 선거 운동을 펼칠 수 있다.

<table>
<tr><th colspan="2"><표 3> 행위자별 SNS 활용 전략</th></tr>
<tr><th>행위자</th><th>전략</th></tr>
<tr><td>정치인</td><td>•다양한 채널활용을 통한 소통 확대
•지지자 확대와 함께 지지자간 네트워크 형성에 주력</td></tr>
<tr><td>유권자</td><td>•정치 속보 제공
•정치과정 감시</td></tr>
<tr><td>선관위</td><td>•선거 홍보
•참여 독려</td></tr>
</table>

이슈와 논점 / 발행처 : 국회입법조사처

SNS 대선 운동, 누가 잘했나

	전문가 평점	페이스북 친구(명)	인스타그램 팔로어(명)	총평
문재인 (더불어민주당)	3.9	50만3239	6만8400	조직력을 바탕으로 SNS별 맞춤 전략을 구사
홍준표 (자유한국당)	2.2	2418	252	메시지 일관성은 높지만 SNS 활용도는 낮음
안철수 (국민의당)	2.4	11만5715	5815	SNS의 강점인 소통이나 친근감 강화 면에서 아쉼
유승민 (바른정당)	1.5	8665	4918	SNS를 방치하다시피 하지만 효율은 높은 편
심상정 (정의당)	2.9	23만2819	2만100	젊은 세대 눈높이에 맞는 홍보로 관심 형성

자료: 빅웟·인스타그램 및 전문가 5인(강청수 디지털사회연구소장, 강학수 애스프로스 대표, 송동현 잉글스톤 대표, 이종혁 광운대 미디어영상학부 교수, 정용민 스트래티지샐러드 대표. 이상 가나다순)

SNS 대선 운동, 누가 잘했나. [중앙일보 4월 27일자 5면 보도]

[그림3] 행위자별 SNS 활용 전략(출처 : 이슈와 논쟁)

2. MZ세대와의 소통 방법

1) MZ세대와의 소통의 중요성

MZ세대는 밀레니얼 세대와 Z세대를 아우르는 용어로 이들은 디지털 기술에 익숙하고 변화에 민감한 특징을 갖고 있다. MZ세대와의 효과적인 소통은 현대 선거 캠페인에서 중요한 과제이다. 이들과 소통하는 방법을 이해하고 적용하는 것은 선거 전략가들에게 필수적인 요소가 됐다.

2) 디지털 플랫폼 활용

MZ세대는 주로 디지털 플랫폼과 소셜미디어를 통해 정보를 얻고 의사소통한다. 특히 인스타그램, 틱톡, 유튜브와 같은 플랫폼은 이 세대와의 소통에 매우 효과적이다. 이러한 플랫폼을 통해 참신하고 직관적인 콘텐츠를 제공함으로써 MZ세대의 관심을 끌고 참여를 유도할 수 있다.

[그림4] MZ세대의 디지털 플랫폼 활용을 표현(출처 : DALL-E 김진희)

3) 개성과 진정성

MZ세대는 그 어떤 세대보다 개성과 진정성을 중시한다. 그들은 정통성과 솔직함을 가진 메시지에 더욱 호응하는 편이다. 따라서 선거 캠페인 메시지는 개성 있고 진실된 목소리로 전달돼야 할 필요성이 있다. 이들은 표면적인 광고나 과장된 선전보다는 실질적인 이슈와 해결책에 관심을 가지는 특성이 있다.

4) 인터랙티브한 콘텐츠

인터랙티브한 콘텐츠는 MZ세대와의 소통에 있어 매우 중요하다. 투표 참여를 독려하는 온라인 퀴즈, 설문조사, 인터랙티브 게임 등은 이들의 참여를 유도하고 선거에 관한 관심을 증가시킨다. 이러한 방식은 MZ세대가 캠페인에 직접 참여하고 자신의 의견을 표현할 수 있는 기회를 제공하기 때문이다.

3. '틱톡'을 활용한 선거 캠페인

[그림5] 틱톡을 활용한 선거 캠페인을 표현(출처 : DALL-E 김진희)

1) 틱톡의 이해와 선거 캠페인의 가능성

'틱톡'은 짧은 비디오를 공유하는 소셜미디어 플랫폼으로 특히 젊은 세대 사이에서 큰 인기를 끌고 있다. 이 플랫폼의 독특한 특성은 사용자들에게 창의적이고 재미있는 콘텐츠를 제공한다. 선거 캠페인에 틱톡을 활용하는 것은 후보자와 정당이 젊은 유권자들과 직접적으로 연결할 수 있는 기회를 제공한다. 이 장에서는 틱톡의 기본 기능과 특성, 선거 캠페인에 틱톡을 효과적으로 활용하는 방법에 대해 알아보고자 한다.

2) 틱톡 콘텐츠의 제작과 전략

틱톡을 활용한 선거 캠페인의 핵심은 창의적이고 매력적인 콘텐츠 제작에 있다. 다음 장에서는 캡컷을 활용해 틱톡에서 성공적인 캠페인 비디오를 제작하기 위한 다양한 전략과 팁을 제공할 예정이다. 캡컷에서 제작한 숏폼 영상은 틱톡 플랫폼으로 바로 연동이 가능하며, 초보자도 쉽게 영상을 제작할 수 있도록 사용 방법 또한 단순하다. 또한 틱톡 내에서의 해시태그 캠페인, 인플루언서와의 협업, 인터랙티브한 콘텐츠 기획 방법 등도 다룰 예정이다.

3) 틱톡 가입하기

캡컷 영상의 업로드를 위해 우선 [그림6, 7]과 같이 틱톡에 가입하자.

플레이스토어 혹은 앱스토어에서
틱톡 검색 후 다운로드

앱 설치 후 가입을 진행

[그림6] 틱톡 플랫폼 다운로드 받기

[그림7] 틱톡 프로필 편집하기(출처 : 틱톡)

4. '캡컷', 새로운 선거 캠페인 도구

[그림8] 디지털 시대 새로운 선거 캠페인을 표현(출처 : DALL-E 김진희)

'캡컷'은 강력한 비디오 편집 도구로써 사용자가 손쉽게 전문가 수준의 영상을 제작할 수 있게 해주는 장점이 있다. 이 장에서는 캡컷의 기능, 특징 및 사용 방법에 대해 소개하고 이를 어떻게 선거 캠페인에 효과적으로 활용할 수 있는지를 알아보겠다. 캡컷의 다양한 편집 기능, 템플릿, 필터 등을 선거 캠페인 메시지 전달에 어떻게 사용할 수 있는지 살펴보며, 비디오 콘텐츠가 유권자와의 소통에서 갖는 중요성을 이해하고자 한다.

1) 캡컷 다운로드 받기

[그림9]와 같이 플레이스토어 혹은 앱스토어에서 '캡컷' 검색 후 다운로드 받는다.

플레이스토어 혹은 앱스토어에서
캡컷 검색 후 다운로드

앱 설치 후 가입을 진행

[그림9] 캡컷 다운로드 받기

2) 내가 가진 동영상을 캡컷으로 기본 편집하기

'새 프로젝트'를 클릭 후 영상 편집에 사용할 동영상이나 사진을 선택한다. 동영상과 사진을 여러 개 골라도 상관없다. 선택 후 오른쪽 하단의 '추가'를 클릭한다. 캡컷에 있는 수많은 기능 중에서 무료 버전으로 사용할 수 있는 초보자 위주의 기본 기능만 알아보도록 하겠다.

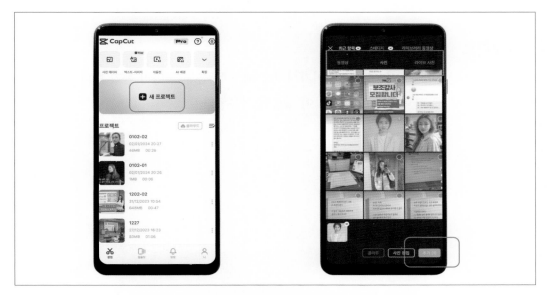

[그림10] 캡컷에서 기본 영상 업로드하는 방법(출처 : 캡컷)

(1) 편집

동영상의 경우 불필요한 부분을 앞뒤로 분할 해 하나의 클립으로 만든다. '분할' 해 영상의 일부를 삭제할 수 있다.

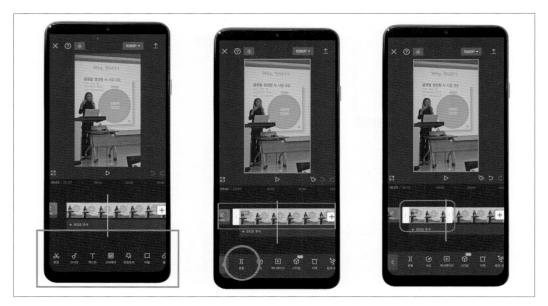

[그림11] 캡컷의 편집 기능 활용하기(출처 : 캡컷)

(2) 오디오

'오디오'를 클릭한 후 '사운드'로 들어가서 마음에 드는 음원을 미리 듣기 한다. 음악을 선택한 후 '+' 버튼을 클릭하면 해당 음악이 영상에 적용된다.

[그림12] 캡컷의 오디오 기능 활용하기(출처 : 캡컷)

※ 이때 영상의 길이와 음원의 길이를 같게 조절한다. 보통 영상의 길이보다 음원이 긴 경우
가 많을 것이다. 이 경우 음원 클립을 클릭한 후 손가락으로 클립을 조정한다.

※ 하단의 '볼륨'을 클릭해 음악의 크기도 적당하게 조절해 준다.

(3) 커버 편집

동영상의 마음에 드는 부분을 선택해서 커버를 편집한다. 템플릿을 클릭하면 다양한 기
본 템플릿을 고를 수 있으며 [그림13]과 같이 텍스트나 사진 등의 기본 설정을 변경할 수
있다.

[그림13] 캡컷에서 템플릿을 활용해 커버 만들기(출처 : 캡컷)

(4) 틱톡에 업로드하기

오른쪽 상단의 화살표를 눌러서 편집 완료한 영상을 '내보내기' 한다. 'TikTok에 공유'를 눌러준다.

[그림14] 완료된 영상을 틱톡으로 내보내기(출처 : 캡컷)

영상이 틱톡으로 자동으로 넘어왔다. '다음'을 누른 후 '게시' 페이지가 나타나면 자유롭게 게시글과 해시태그를 작성하고 하단의 '게시'를 클릭해 영상을 업로드한다.

[그림15] 영상을 틱톡에 업로드하기(출처 : 틱톡)

3) 캡컷의 유용한 부가 기능들

(1) AI 포스터 기능

'AI 포스터'를 클릭해 포스터에 들어갈 사진을 선택하고 스크립트를 작성해 준다. 필요에 따라 마케팅과 카테고리를 선택한다. '생성'을 누르면 여러 가지 스타일로 제작된 포스터를 확인할 수 있다.

[그림16] 캡컷의 AI 포스터 기능 활용하기(출처 : 캡컷)

※ 완성된 포스터는 '편집' 기능을 선택해 텍스트와 사진, 배경 등을 수정하거나 보완할 수
있다.

(2) 보정 기능

'보정'을 클릭해 후보자 모델의 얼굴에 다양한 상세 보정 기능을 적용할 수 있다. 동영상
과 사진 모두 가능하다.

[그림17] 캡컷의 보정 기능 활용하기(출처 : 캡컷)

(3) 자동 캡션 기능

동영상에 들어간 후보자의 목소리를 자동으로 자막으로 생성해 주는 기능이다.

[그림18] 캡컷의 자동 캡션 기능 활용하기(출처 : 캡컷)

발음을 제대로 인식하지 못해 오타가 났을 경우 확인해 수정해 준다.

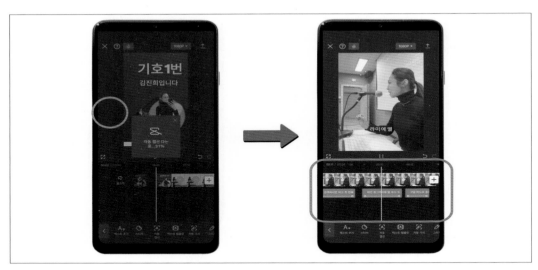

[그림19] 캡컷의 자동 캡션 기능 활용하기(출처 : 캡컷)

(4) 텔레프롬프터 기능

후보자가 작성한 대본을 보면서 동시에 영상을 촬영할 수 있는 기능이다. 대본을 입력한 뒤 촬영 버튼을 눌러서 영상 촬영을 시작하면 된다.

[그림20] 캡컷의 텔레프롬프터 기능 활용하기(출처 : 캡컷)

(5) 배경 제거 기능

지저분하거나 불필요한 배경을 제거해 주는 유용한 기능이다. '배경 제거'를 클릭해 '편집'을 누른 후 '내보내기' 하면 된다. 내 핸드폰의 갤러리(사진첩)에 배경이 제거된 사진이 자동으로 저장된다.

[그림21] 캡컷의 배경 제거 기능 활용하기(출처 : 캡컷)

4) 캡컷의 템플릿으로 업로드하기

템플릿에는 기본적으로 여러 가지 편집 효과와 배경음악 등이 포함돼 있어서 영상 제작 초보자가 사용하기에 아주 적합하다는 장점이 있다.

(1) 템플릿 선택하기

캡컷 화면 하단의 '템플릿'을 선택한다. 스크롤 해 여러 가지 템플릿을 살펴본 후 마음에 드는 템플릿을 골랐으면 '템플릿 사용'을 클릭한다.

※ 템플릿 화면 위의 숫자(화면의 254.7K)는 해당 템플릿을 사용해 영상이 제작된 개수이다. 또한 시계 모양 옆의 숫자는 영상의 길이(화면의 00:25는 25초짜리 영상이라는 의미)를 나타내며, 그 옆의 숫자(화면의 8)는 해당 템플릿으로 영상을 만드는데 필요한 동영상이나 사진의 총개수를 의미한다.

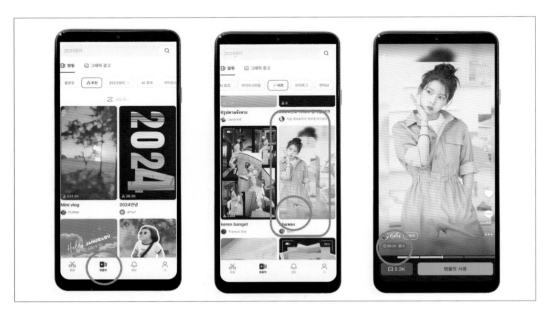

[그림22] 캡컷의 템플릿 활용해 영상 업로드 하기(출처 : 캡컷)

(2) 공유하기

하단의 빈 클립이 없도록 동영상이 사진을 선택하면 오른쪽 하단의 '미리보기'가 활성화된다. 영상을 미리보기 한 후에 편집도 가능하다. 완성된 영상은 '저장 후 TiKTok에 공유'를 눌러서 틱톡에 업로드한다.

[그림23] 캡컷의 템플릿 활용해 영상 업로드 하기(출처 : 캡컷)

Epilogue

'디지털 세대와의 대화, 미래로 나아가는 길'

캡컷과 틱톡을 활용한 선거전략은 단순히 새로운 기술을 사용하는 것 이상의 의미를 지닌다. 이는 디지털 세대와의 지속적인 대화를 통해 그들의 요구와 기대를 이해하고, 이를 정치적 의사결정 과정에 반영하는 과정이라고 할 수 있다. 우리가 이번 '디지털 세대를 사로잡는 AI 선거전략'에서 알아본 활용법들은 디지털 시대의 정치적 소통 방식을 재정립하는 데 중요한 역할을 할 것이며, 단순한 소통을 넘어 유권자들과의 깊은 연결고리를 만들어낼 수 있는 강력한 도구가 될 것이다.

실제로 얼마 전 필자의 아들들이 초등학교 전교 임원 선거를 하는데 챗GPT를 활용해 연설문 초안을 작성했으며, 선거 공약 아이디어를 도출했다. 또한 인공지능 플랫폼을 활용해 홍보영상 및 포스터를 제작하고 메타버스를 통해 유세 활동을 했다. 이러한 알파 세대들이 성인이 돼 유권자가 된다면 미래의 선거는 지금보다는 더 큰 변화가 있을 것이다.

AI에 대한 이해는 디지털 세대와 정치 세계 간의 새로운 연결을 만드는 기회이다. 이번 장을 통해 소개된 전략들이 어떻게 현실에서 구현되고 선거 결과에 어떤 영향을 미칠지는 아직 미지수이다. 하지만 분명한 것은 디지털 세대와의 소통은 더 이상 선택이 아닌 필수이며 이를 통해 우리 사회는 더욱 성숙하고 포용적인 민주주의로 나아갈 것이라는 점이다.

이 책이 대한민국의 정치인들과 선거전략가들에게 유용한 통찰을 제공하고 디지털 시대의 선거전략 수립에 도움이 되기를 진심으로 바란다. 끊임없이 발전할 챗GPT와 인공지능의 혁명 시대에 '챗GPT·생성AI 교육전문가'로 필자도 그 여정에 여러분과 함께 할 것이다.

독자들의 건승을 기원한다.

4

AI 가상 인간 제작 플랫폼을 활용한 선거 홍보 영상 제작
(플루닛스튜디오, HeyGen, KT AI 휴먼 스튜디오)

이 도 혜

제4장
AI 가상 인간 제작 플랫폼을
활용한 선거 홍보 영상 제작
(플루닛스튜디오, HeyGen, KT AI 휴먼 스튜디오)

Prologue

　세상은 언제나 변화하고 있다. 오늘날 우리는 인공지능(AI)과 그 영향력이 전 세계의 모든 산업에 걸쳐 빠르게 확장되는 시대에 살고 있다. 이 책에서 제가 쓴 부분은 AI 가상 인간 기술이 선거 캠페인에 어떻게 활용될 수 있을까에 초점을 맞추고 있다.

　첫 번째 장에서는 AI 가상 인간 기술의 기본 원리와 이 기술이 광고 산업에서 어떻게 활용되고 있는지를 탐구한다. 기술의 복잡성을 넘어 이 새로운 현상이 우리 삶과 상호작용하는 방식을 이해하는 것이 중요하다. 여기서는 이 기술이 어떻게 현실의 한계를 뛰어넘어 새로운 가능성을 열어가고 있는지 설명한다.

　두 번째 장에서는 이러한 기술이 선거 홍보에 어떻게 적용될 수 있는지를 살펴본다. 가상 인간을 활용한 선거 캠페인은 전통적인 방법들과 어떻게 다른지, 또 어떻게 그 차이를 장점으로 활용할 수 있는지를 탐구한다.

　마지막으로, 실제로 AI 가상 인간을 제작하는 방법을 다룬다. '플루닛 스튜디오'와 'HeyGen' 같은 플랫폼을 사용해 개성 있는 선거 홍보 영상을 만드는 구체적인 방법을 제공한다.

이 책을 통해 독자 여러분은 AI 가상 인간 기술이 선거전략에 혁신을 가져오는 방법을 이해하게 될 것이다. 또한 이 기술을 어떻게 효과적으로 활용할 수 있는지에 대한 실질적인 지식을 얻게 될 것이다. 지금 우리는 AI의 미래와 그것이 사회에 미칠 영향을 탐색하는 여정의 시작점에 서 있다. 이 책이 그 여정의 유용한 동반자가 되기를 바란다.

1. AI 가상 인간 기술 쉽게 알아보기

1) AI 가상 인간 기술이란 무엇인지 기본 원리 쉽게 이해하기

'AI 가상 인간 기술'은 인공지능을 기반으로 하는 혁신적인 기술로 컴퓨터 프로그램을 사용해 실제 사람처럼 보이고 행동하며 대화할 수 있는 '디지털 캐릭터'를 만드는 과정이다. 이 기술은 실시간으로 인간과 상호작용하거나 특정 업무를 수행하는 데 사용된다. 가상 인간은 영화, 비디오 게임, 광고, 최근에는 선거 캠페인과 같은 다양한 분야에서 활용되고 있다.

기본적으로 AI 가상 인간은 다음과 같은 기술들을 통합해 만들어진다.

- 컴퓨터 그래픽스 : 가상 인간의 외형을 디자인하는 데 사용된다. 고도로 발전한 3D 모델링 기술을 사용해 사람과 비슷하게 생긴 캐릭터를 생성한다.
- 자연어 처리(NLP) : 이 기술은 AI가 인간의 언어를 이해하고 자연스럽게 대화를 나눌 수 있게 한다. 이를 통해 가상 인간은 사람들과 의미 있는 대화를 나눌 수 있다.
- 음성 인식 및 합성 : 가상 인간이 사용자의 말을 이해하고 인간처럼 자연스러운 음성으로 응답할 수 있도록 한다.
- 기계 학습과 인공지능 : 가상 인간이 상황에 맞게 행동하고 학습을 통해 시간이 지남에 따라 더 자연스러운 반응을 할 수 있도록 하는 데 사용된다.

이 기술의 발전은 디지털 커뮤니케이션의 경계를 확장시키고 있으며 우리가 정보를 받아들이고 상호작용하는 방식에 혁신을 가져오고 있다. AI 가상 인간은 단순한 기술적 도구를 넘어서, 우리의 일상과 산업에 깊이 통합돼 가고 있는 중요한 현상이다.

2) 광고에서 만나는 가상 인간, 새로운 기술, 새로운 가능성

가상 인간 기술의 등장은 '광고 산업'에 놀라운 변화를 가져왔다. 전통적으로 광고 제작은 시간이 많이 걸리고 비용이 많이 드는 과정이었다. 하지만 가상 인간을 사용함으로써 우리는 이러한 제약을 극복하고 광고 제작의 새로운 지평을 열었다.

우선, 생산성 측면에서 가상 인간은 놀라운 효율성을 보여준다. 실제 인간 모델을 사용하는 대신 가상 인간을 사용하면 촬영 장소, 시간, 날씨 등 외부 요인에 구애받지 않는다. 이는 제작 시간을 대폭 단축시키며, 결과적으로 더 많은 콘텐츠를 더 빠르게 제작할 수 있게 해준다.

비용 절감 면에서도 가상 인간은 혁명적이다. 모델 비용, 장소 대여료, 운송비 등 전통적인 광고 제작에 필요한 다양한 비용 요소들이 대폭 줄어든다. 또한 가상 인간은 재사용이 가능해 한 번의 투자로 여러 광고 캠페인에 활용할 수 있다. 이는 특히 예산이 제한적인 중소기업들에게 큰 이점을 제공한다.

가상 인간을 사용하면 브랜드의 메시지를 보다 창의적이고 유연하게 전달할 수 있다. 가상 인간은 실제 인간이 할 수 없는 특별한 효과나 행동을 구현할 수 있으며, 이는 광고에 독특하고 매력적인 요소를 추가한다. 또한 가상 인간은 언어, 문화, 외모 등을 쉽게 조절할 수 있어 다양한 시장과 대중에게 맞춤화된 메시지를 전달하는 데 유용하다.

또한 AI와 데이터 분석 기술의 발전으로 가상 인간은 사용자의 반응과 선호도를 학습해 광고 메시지를 최적화할 수 있다. 이는 광고의 타겟팅과 개인화를 한층 더 발전시키며 광고의 효과를 극대화하는 데 기여한다.

마지막으로, 가상 인간의 사용은 광고계에 새로운 윤리적·법적 고려 사항을 제시한다. 이는 산업의 지속 가능한 발전을 위해 신중한 접근과 규제가 필요함을 시사한다. 결론적으로 가상 인간 기술은 광고 산업에 새로운 기회의 문을 열고 있다. 이 기술은 생산성 향상, 비용 절감, 창의적 표현의 확장, 광고의 개인화와 최적화를 가능하게 함으로써 광고계의 마이더스의 손으로 자리매김하고 있다. 가상 인간의 미래는 밝으며 이 기술이 어떻게 광고 산업을 변화시킬지 지켜보는 것은 매우 흥미롭다.

2. 선거 홍보에 AI 가상 인간 활용하기

현대의 선거 캠페인은 기술의 진보와 함께 변화하고 있으며 AI 가상 인간의 활용은 정치 메시지를 전달하는 데 있어서 유연성, 창의성 및 효율성을 제공한다.

가장 먼저 AI 가상 인간은 특정 유권자 그룹에 맞춤화된 메시지를 전달할 수 있다. 예를 들어 젊은 유권자들을 대상으로 하는 캠페인에서는 더 젊고 동적인 가상 인물을 사용해 그들의 언어와 문화에 맞는 메시지를 전달할 수 있다.

또한 가상 인간은 여러 언어로 메시지를 전달하는 데에도 유용하다. 다문화 사회에서는 다양한 언어를 구사하는 가상 인간이 효과적으로 다국적 유권자들과 소통할 수 있다. 가상 인간은 또한 24시간 연중무휴로 작동할 수 있기에 실시간 대응과 지속적인 캠페인 운영이 가능하다. 이는 특히 긴 선거 기간 동안 유권자들과의 지속적인 연결을 유지하는 데 유용하다.

3. AI 가상 인간 제작 플랫폼을 활용한 선거 홍보 영상 만들기

1) '플루닛 스튜디오'로 쉽게 시작하기(앵커 아바타로 영상 만드는 법)

선거 캠페인 영상을 간편하게 만들고 싶으신가요? '플루닛 스튜디오'를 이용하면 전문가처럼 앵커 아바타를 활용한 멋진 영상을 쉽게 만들 수 있다. 앵커 아바타를 통해, 여러분의 메시지를 생동감 있고 설득력 있게 전달해 보자.

(1) 회원 가입하기

먼저 Google이나 Naver 검색 엔진에 '플루닛 스튜디오'를 입력해 검색하라. 그다음에 플루닛 스튜디오의 공식 웹사이트로 이동해 회원 가입을 진행한다.

[그림1] 플루닛 스튜디오 들어가기

(2) 새 프로젝트 만들기

가입을 마쳤다면 '스튜디오 시작하기'를 눌러서 '영상 만들기'를 시작한다. '새 프로젝트 만들기'를 클릭하고, 프로젝트에 어울리는 '제목'과 '설명'을 적어보라. 그리고 어떤 '언어'로 이야기를 전할지 선택하라. 제공되는 언어는 한국어, 영어, 베트남어 이렇게 3개 언어로 제작이 가능하다.

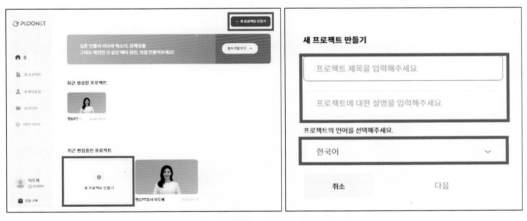

[그림2] 새 프로젝트 만들고 제목과 설명 적기

(3) 메타휴먼 만들기

다음으로 '메타휴먼'을 만든다. 메타휴먼을 만드는 과정은 네 단계로 구성돼 있다.

첫 번째는 네 명의 여자 아나운서 중 한 명을 고르고 선택한 아나운서의 옷차림을 정한다. 옷차림 스타일은 처음 STEP1에서 고른 메타 휴먼에 따라 옷 스타일 옵션이 다 다르다. 두 번째 단계에서는 자세를 고른다. 세 번째 단계도 처음 어떤 메타휴먼을 택하느냐에 따라 선택할 수 있는 자세 옵션도 다 다르다. 이제 마지막으로는 '목소리'를 선택한 후 '완료' 버튼을 누르면 만들려는 '영상의 비율'을 선택한 후 '프로젝트 생성하기'를 클릭한다.

[그림3] 메타휴먼 4가지 옵션 선택하기 후 새 프로젝트 만들기

만들 수 있는 화면 비율이 총 6가지인데 16:9, 4:3, 1:1, 16:10, 9:16, 10:16 사이즈가 있다. 원하는 화면 비율을 선택한다.

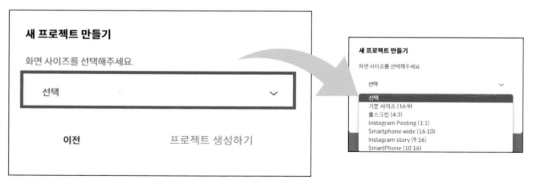

[그림4] 새 프로젝트 만들기의 화면 사이즈 선택

선택하면 [그림5]와 같은 프로젝트 화면이 나타나면서 '독백형' 즉 아바타를 1명 등장시킬지, '대화형' 즉 아바타를 2명 등장시킬지 고른 후 다음을 선택한다. 필자는 한 명만 등장시킬 것이므로 독백형을 선택했다.

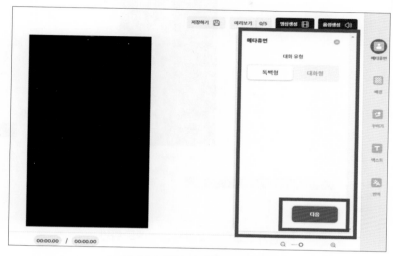

[그림5] 메타휴먼 대화유형 선택하기

이제 스크립트를 작성한다. 스크립트는 [그림6]과 같이 플루닛 스튜디오 내의 챗GPT를 이용해서 작성할 수 있다. 챗GPT나 뤼튼 등 TEXT TO TEXT 생성 AI 플랫폼을 활용해서 스크립트를 만든 후 이곳에 붙여 넣을 수도 있다.

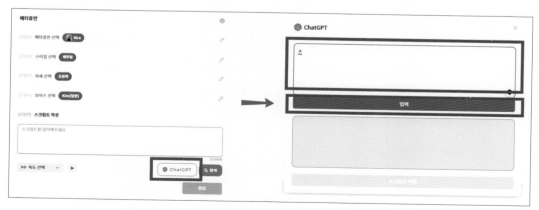

[그림6] 메타휴먼 대화유형 선택하기

스크립트 작성 후 '완료'를 누르면 스크립트를 추가해서 프로젝트가 다시 만들어진다.

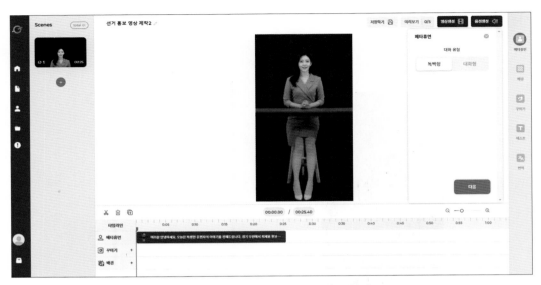

[그림7] 스크립트 포함된 프로젝트 화면

아나운서가 유권자의 활동을 홍보하는 영상을 만들기 위해 이미지나 영상 파일을 '업로드' 해서 아나운서 뒤에 자료화면으로 나가는 영상을 만들 수 있다. 무료 사용자에게는 파일 최대 용량이 150MB이므로 사용할 파일 용량이 너무 크다면 '캡컷'에서 '배경 제거 후' 자료를 AI 아바타 뒤로 갖고 와도 된다.

또한 다른 영상 프로그램을 사용한다면 만일을 대비해서 '그린스크린'으로 제작해서 영상을 재편집할 수 있다. [그림8]의 자막도 캡션 켜기, 끄기 기능이 있어서 다른 편집 앱으로 자막을 사용하려면 캡션을 끈 상태로 '영상 생성'을 하면 된다.

[그림8] 그린스크린 배경 화면, 텍스트 스크립트로 자동 생성 후 화면 생성 튜토리얼

플루닛 스튜디오로 간단하게 휴먼 아바타로 선거 홍보 영상 제작하는 방법을 소개했다. 이러한 아이디어를 활용해서 여러분들의 아이디어를 확장해 영상을 재생산하기를 추천한다. 개인적으로 영상 발화 속도는 최대로 하시는 것을 추천한다. 만들다가 궁금한 부분이 생기면 필자의 프로필 링크에서 오픈톡에 질문을 주면 된다.

2) 'HeyGen'으로 '나만의 아바타' 만들기

이 장에서는 'HeyGen'을 이용해 어떻게 개성 넘치는 아바타를 만들고, 이를 활용해 독특하고 매력적인 영상을 쉽게 제작할 수 있는지 알아본다. HeyGen의 다양한 기능과 사용자 친화적인 인터페이스를 통해 누구나 자신만의 아바타를 만들어 나만의 이야기를 시각적으로 표현하는 방법을 소개한다.

사실 필자는 HeyGen을 지난 2023년 4월 처음 접하고 사용해 왔다. 수업 현장에서 많이 사용하고 있는 D-ID보다 사실 HeyGen이 더 매력적이다. 그런데 무료로 제공되는 크레딧이 1크레딧이라는 점이 강의 현장에서 수강생들에게는 다소 부담스럽게 작용될 것 같아 아쉽게도 수업 현장에서는 사용할 수 없었다.

그런데 지난 10월엔가 HeyGen이 상당히 업데이트 되면서 인공지능이 나의 얼굴과 목소리와 제스처를 학습해서 대사만 쓰면 나만의 아바타 영상을 만들어 주는 기능이 생기면서 유튜브에서 많은 소개 영상들을 접하게 됐다. 필자도 한 스터디에서 HeyGen과 일레븐랩스 사례발표를 했고 오늘은 대박 기능이 들어있는 HeyGen을 소개한다.

(1) 사이트 들어가기

HeyGen은 구글 '크롬 브라우저'에서 검색하고 로그인하는 것을 추천한다.

[그림9] HeyGen 들어가기

구글에서 HeyGen을 검색하면 바로 'AI Video Creator Tool - Translate Videos with AI' 라고 추천 사이트가 보인다.

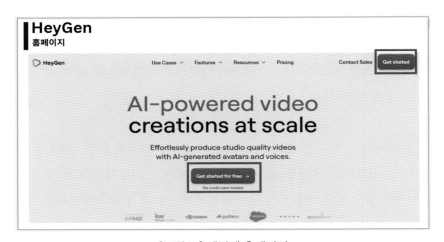

[그림10] 헤이젠 홈페이지

시작하기를 누르시면 회원 가입창이 나타난다. 구글로 가입하기를 추천한다. 크롬 브라우저에 로그인된 상태라면 바로 연동된 계정이 [그림11] 오른쪽처럼 보인다. 사용할 계정을 선택한다.

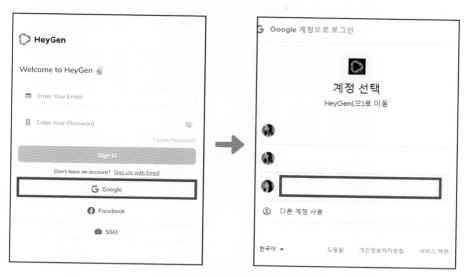

[그림11] HeyGen 회원 가입하기

(2) 시작하기

가입 후 첫 화면이다. '시작하기'를 누르면 오른쪽 상단에 1크레딧이 주어진 게 보인다. 크레딧 하나에 '1분' 정도의 영상을 만들 수 있다. 1분 이상의 영상을 만들려면 유료로 전환해야 한다.

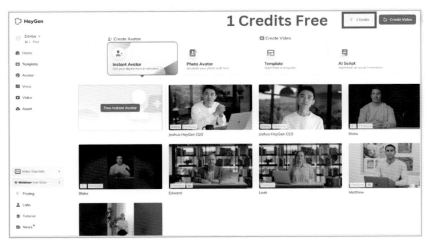

[그림12] 시작하기

(3) 아바타 만들기

우리의 아바타를 만들어 보겠다. 'Free Instant Avatar'를 선택한다. 그러면 다음 화면에서 HeyGen Co Founder의 소개 영상이 보인다. 'Get Started'를 누르면 지시 사항을 영상으로 볼 것인지 텍스트로 볼 것인지 선택해야 한다.

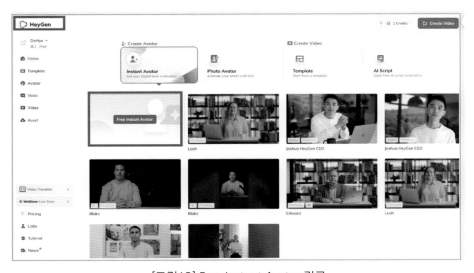

[그림13] Free Instant Avator 경로

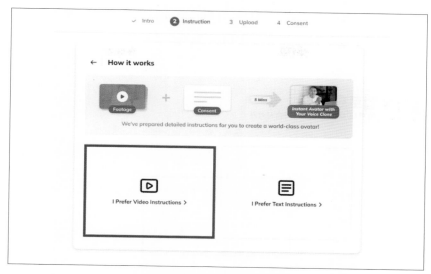

[그림14] 지시 사항 보기 옵션

(4) 영상 만들어 업로드하기

　다음으로는 우리의 모습을 학습시키기 위해 '2분 이상 5분 이하'의 영상이 필요한데 웹캠으로도 우리의 모습을 인공 지능에게 학습시킬 수 있다. 더 정확한 얼굴과 더 정확한 발음을 하려면 스마트폰이나 카메라로 녹화해서 파일을 업로드하는 것을 추천한다.

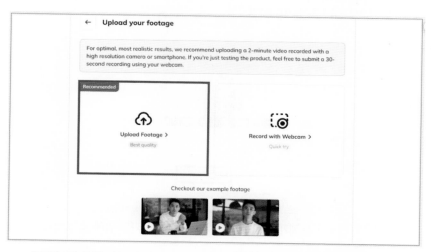

[그림15] 인공 지능에게 나의 모습과 목소리 학습시키기 위해 영상 제공 1

휴대폰에서 촬영한 후 업로드하는 분들은 'Upload Footage'를 선택한 후 구글 드라이브를 통한 업로드 페이지를 선택해서 영상을 업로드한다.

[그림16] 인공 지능에게 나의 모습과 목소리 학습시키기 위해 영상 제공 2

업로드되면 체크박스에 체크 후 'My Footage Looks Good'을 클릭한다.

[그림17] 인공 지능에게 나의 모습과 목소리 학습시키기 위해 영상 제공 3

(5) 대본 녹화하기

파일의 주인공과 업로드한 사람이 똑같은지 확인하기 위해 HeyGen에서 제공하는 대본을 읽으며 녹화하는 과정이다. 이 과정은 영상 제작에 사용되지 않기에 가벼운 마음으로 [그림18]과 같이 'Record a Consent'를 선택한다.

[그림18] 동영상 속 인물이 본인인지 확인하기 위한 과정 1

HeyGen이 제공한 스크립트를 읽는다. 언어 선택에 한국어는 아직 지원되지 않아서 영어를 선택하고 읽는다. 발음이 좋지 않아도 된다.

[그림19] 동영상 속 인물이 본인인지 확인하기 위한 과정 2

'스크립트 미리보기'를 누르고 'Start Recording'을 누르면 스크립트를 읽는다.

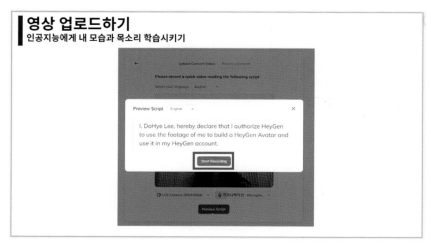

[그림20] 스크립트 읽기 1

[그림21] 스크립트 읽기 2

(6) 제출하기

그리고 '제출'을 누른다. 그러면 인스턴트 아바타가 생성 중이며 몇 분 후에 준비된다. 준비되면 이메일로 준비됐다고 이메일이 온다.

[그림22] 영상 제출

(7) 비디오 만들기

[그림23]과 같이 인공지능이 나의 모습과 목소리를 학습하는 데에는 시간이 걸리고 학습이 다 끝나면 영상을 만들 수 있다.

[그림23] 인공지능이 나의 모습과 목소리를 학습하는 과정

준비가 완료되면 'HeyGen → Avatar → My Avatar'에서 생성된 인스턴트 영상을 선택한다.

[그림24] 생성된 인스턴트 영상

'비디오 만들기'를 선택 후 '영상 형태'를 선택한다.

[그림25] 생성된 인스턴트 영상으로 영상 만들기 1

이제 아바타가 준비됐고 이곳에 텍스트만 입력하면 바로 영상이 만들어진다. 자막에 쓰인 텍스트를 지우고 원하는 텍스트를 넣는다. 1분까지는 무료로 영상 제작이 가능하다. '일레븐랩스'로 나의 목소리를 학습시켜서 만들어진 음성파일을 넣고, 영상만 HeyGen 영상을 사용해서 영상을 제작하면 훨씬 더 자연스러운 영상이 만들어진다.

[그림26] 생성된 인스턴트 영상으로 영상 만들기 2

3) KT AI 휴먼 스튜디오 활용하기: AI로 창의적인 동영상 콘텐츠 만들기

마지막으로 KT의 디지털 가상 인간인 6명의 인공 지능(AI) 휴먼을 활용하는 동영상 콘텐츠 제작 플랫폼 'AI 휴먼 스튜디오'를 마지막으로 간단하게 소개한다.

AI 휴먼 스튜디오는 복잡한 촬영이나 편집 과정 없이 생성형 AI 기술로 만든 다양한 가상 인간 모델과 목소리를 선택하고, 텍스트 대사를 입력하는 것만으로 음성을 구현하는 방식으로 누구나 쉽게 최대 4K UHD 해상도의 동영상을 만들 수 있다.

(1) 회원 가입하기

먼저 Google이나 Naver 검색 엔진에 'KT AI 휴먼 스튜디오'를 입력해 검색하라. 그다음에 KT AI 휴먼 스튜디오의 공식 웹사이트로 이동해 회원가입을 진행한다.

(2) 새 프로젝트 만들기

가입을 마쳤다면 상단 메뉴바의 'Human Studio'를 눌러서 '템플릿'을 선택해서 영상 만들기를 시작한다. 상단 메뉴바에서 선택한 템플릿 이름을 클릭해서 프로젝트에 어울리는 '제목'을 적어보라.

(3) AI 휴먼 선택하기

6명의 AI 휴먼 모델과 스타일을 선택한다. 스타일은 정해진 게 아니다. AI 휴먼 모델에 따라 스타일이 다르다.

(4) 동작 선택하기, 대본 작성

AI 휴먼 모델에 따라 동작이 활성화된 경우와 활성화되지 않는 경우가 있다. 대본 작성 시 활용할 수 있는데 제작 순서는 '동작 추가' 후 '대본 작성' 순서다. 그래서 다양한 동작과 함께 작성된 대본대로 자연스러운 영상을 제작할 수 있다.

[그림27] 동작 선택 후 자막 사용법

제공하는 동작으로는 대기 자세, 오른손 안내, 오른손 앞으로, 왼손 앞으로, 왼손 파이팅, 양손 파이팅, 오른손 손 하트, 양손 흔들기, 정면 X, 기도, 왼손 안내, 양손 안내, 오른손 파이팅, 양손 손 하트 등이 있다.

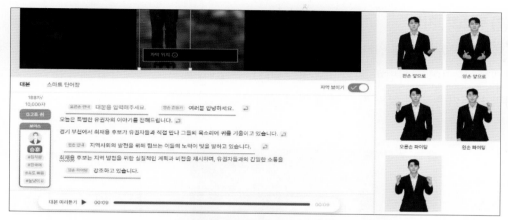

[그림28] 동작 선택 후 자막 사용 예시

(5) 배경 선택하기

배경 메뉴를 통해 배경 색상을 선택할 수 있고, 이미지를 업로드해서 원하는 이미지를 배경으로 설정할 수 있다.

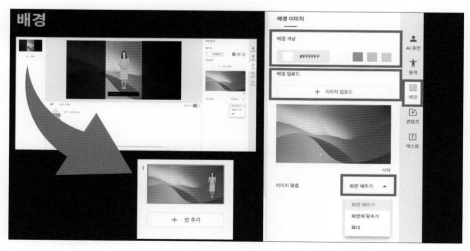

[그림29] 배경 선택

(6) 콘텐츠 업로드

콘텐츠 메뉴를 통해 이미지 업로드, PDF 업로드, PPT 업로드를 진행할 수 있다. 원하는 위치에 원하는 크기로 조절해서 배치할 수 있다.

(7) 텍스트, 자막

텍스트 메뉴를 통해 원하는 문구를 자막처럼 넣을 수 있다. 폰트, 색상, 크기를 자유롭게 선택할 수 있어서 다양한 자막 효과를 추가할 수 있다. 대본으로 작성된 내용은 자동으로 자막 보이기를 통해 별도 자막 작업 없이 출력가능하다.

[그림30] 텍스트와 자막

목소리는 100여 종이 제공되며 화남, 슬픔 등 5가지 감정과 한국어, 영어 등 5가지 언어도 지원된다. 또 아나운서, 앵커, 강사, 쇼 호스트, 상담사 등 다양한 직업이나 상황별 의상이 제공된다. 가상 인간과 그 스타일은 매달 업데이트될 예정이다. 또 만들어진 가상 인간은 초상권과 저작권 제약 없이 자유롭게 활용될 수 있다.

(8) 영상 생성

오른쪽 상단 영상 생성을 통해 제작한 영상 저장이 가능하다. 무료 사용은 FHD 해상도만 선택 가능하지만 정식 사용 시 4K UHD 해상도까지 선택할 수 있다. 작업 내용은 프로젝터에 저장해서 언제든지 편집이 가능하기 때문에 계속 추가해서 영상을 제작할 수 있는 편의성도 있다.

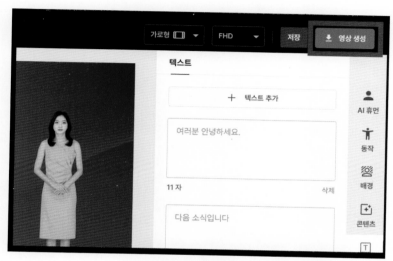

[그림31] 영상 생성

Epilogue

이 책을 통해 우리는 AI 가상 인간 기술이 어떻게 선거전략과 광고에 새로운 바람을 불어넣을 수 있는지 살펴보았다. 처음에는 이 기술의 기본 원리를 쉽게 이해하고 그것이 광고 분야에서 어떻게 활용될 수 있는지 알아보았다. 이어서 선거 캠페인에서 AI 가상 인간을 사용하는 방법들도 알아보았다.

이어 실제로 가상 인간을 만드는 데 필요한 도구와 방법을 소개했다. 플루닛 스튜디오와 HeyGen 같은 플랫폼을 통해 누구나 쉽게 자신만의 가상 인간을 제작하고 그것을 선거 홍보에 활용할 수 있음을 보여줬다.

이 책이 AI 가상 인간 기술에 대한 여러분의 이해를 돕고 이 기술이 어떻게 현실 세계에 적용될 수 있는지에 대한 아이디어를 제공하는 데 도움이 됐기를 바란다. 기술은 계속해서 발전하고 있으며 우리는 이 새로운 도구를 통해 더욱 창의적이고 효과적인 방법으로 소통할 수 있게 될 것이다.

[참고자료]
- 디지털생활제안 https://www.youtube.com/@janghyu

PART 4

고급 커뮤니케이션과
데이터 분석 및 선거캠프용
대화형 AI 챗봇 제작

| 제1장 | 챗GPT 고급 데이터분석 활용, 선거 공약 발굴 및 홍보전략
| 제2장 | My GPTs(Chat GPT 챗봇)를 활용한 혁신적인 AI 선거

1

챗GPT 고급 데이터분석 활용, 선거 공약 발굴 및 홍보전략

이 현 구

제1장
챗GPT 고급 데이터분석 활용,
선거 공약 발굴 및 홍보전략

Prologue

　Open AI가 개발한 대화형 AI 챗봇인 챗GPT는 2022년 11월 출시된 후 단 2개월 만에 전 세계 1억 명의 사용자 수를 돌파하고 스마트폰 혁명에 이어 챗GPT 혁명이라는 말이 나올 정도로 선풍적인 인기를 얻으며 우리의 생활 속을 파고들고 있다. 앞으로 챗GPT를 비롯한 생성AI를 활용하는 능력이 엑셀, 워드, 파워포인트와 같은 업무용 기본 소프트웨어 역량 이상으로 중요해질 것으로 예상하고 있다.

　그러나 아직도 챗GPT를 잘 모르는 사람이 다수 있으며 챗GPT를 조금 사용해 보았지만 기본적인 간단한 질문과 답변으로 제한적인 활용에 그치는 사례도 많은 실정이다. 금번에 소개하는 챗GPT의 고급 데이터 분석 기능을 잘 활용한다면 기존보다 훨씬 다양한 응용 사례를 체험하고 업무 생산성을 제고하는 데 도움을 받을 것이다.

　선거 전략에서도 데이터 분석 기능은 활용도가 매우 높을 것으로 예상된다. 이 책을 통해 챗GPT 고급 데이터 분석 기법을 이용해 선거 공약 발굴 및 홍보전략에 대해 쉽게 이해하고 적용할 수 있기를 바란다.

1. 챗GPT 고급 데이터 분석(Advanced Data Analysis) 개요

챗GPT는 GPT 3.5 무료 버전과 GPT 4 유료 버전(부가세 포함 월 22달러)으로 구분할 수 있다. 유료 버전의 경우 무료 버전에 비해 질문에 대한 답변의 수준이 우수함은 물론 고급 데이터 분석, 이미지 생성(Dalle3), 웹 연결, 플러그인, 맞춤형 챗봇(My GPTs) 등의 기능을 제공하고 있다.

고급 데이터 분석 기능은 원래는 '코드 인터프리터(Code Interpreter)'라는 이름으로 출시됐다가 네이밍이 변경된 것으로 사용자가 입력한 정보를 '파이썬'으로 분석해서 답변을 제공하는 챗GPT의 기능이다. 파이썬 언어를 전혀 몰라도 단순한 명령으로 분석 기능을 수행할 수 있는 것이 가장 큰 장점이다. 챗GPT의 고급 데이터 분석은 텍스트, 이미지, 엑셀, pdf 등 다양한 형태의 파일을 읽은 후 해당 정보를 기반으로 다양한 추가 분석을 할 수 있으며, 챗GPT의 취약점으로 지적됐던 수학 연산 기능도 이를 통해 향상됐다.

2023년 11월 Open AI사의 개발자 콘퍼런스에서 새롭게 업그레이 된 'GPT-4 Turbo'는 챗봇에 고급 데이터 분석 기능과 이미지 생성, 웹 연결 기능이 통합됨으로써 더욱 편리성과 활용도가 높아졌다. 또한 기존에는 2021년 9월까지만 학습이 됐으나 2023년 4월까지 일어난 최신 정보까지 추가로 학습했다. 최대 12만 8,000개의 토큰 지원으로 단일 프롬프트에 300페이지 이상의 텍스트에 해당하는 내용을 넣을 수 있다. 이는 이전 버전 8,000 토큰보다 훨씬 더 긴 대화와 복잡한 작업을 수행할 수 있음을 의미한다.

2. 고급 데이터 분석 기능을 활용한 선거 공약 발굴 및 홍보

선거 전략에서 TV 등과 같은 기존 미디어 또는 전문가의 직감에 의존하지 않고 데이터 분석을 근거로 치른 것은 2012년 미국 대통령 선거가 바탕이 되고 있다. 이를 계기로 선거 후보들은 선거 전략을 수립하고 선거운동을 효과적으로 치르기 위해 빅데이터 전담 조직을 설치해 소셜 데이터, 상업 데이터, 공공 데이터 등 선거와 관련된 모든 데이터를 수집하고 분석했다.

오바마 당선자의 빅데이터 팀은 구매 가능한 모든 상업용 데이터와 공공 데이터 및 실무자가 직접 발로 뛰며 수집한 정보들까지 모두 취합해 하나의 거대한 데이터베이스로 만들었다. 또한 이를 기반으로 철저한 분석과 수치에 기반한 고도의 선거 전략을 수립해 승리를 거둔 사례가 있다.

챗GPT를 활용한 선거 공약 발굴 및 홍보전략을 단계별로 살펴보면 다음과 같다.

[1단계 : 데이터 수집 및 분석]

사회 여론, 주요 이슈, 과거 선거 데이터, 인구 통계학적 정보 등을 수집해 유권자의 관심사와 요구를 파악한다. 이후 챗GPT를 활용해 수집된 데이터를 분석하고, 트렌드를 확인함으로써 유권자의 필요와 기대를 반영하는 공약을 개발한다.

[2단계 : 공약 개발]

AI를 기반으로 다양한 정책 옵션을 검토하고 혁신적이고 실행 가능한 공약 아이디어를 발굴한다. AI가 제안한 아이디어는 전문가의 검토를 거쳐 현실적이고 실현 가능한 수준으로 조정을 검토해 볼 필요가 있다.

[3단계 : 공약 홍보]

인구 통계학적 데이터와 유권자 선호도를 바탕으로 맞춤형 홍보전략을 개발해야 한다. 예를 들어 젊은 유권자를 대상으로 하는 SNS 캠페인, 노년층을 위한 전통적인 매체 활용 등의 전략이 필요할 것이다. AI를 사용해 맞춤형 홍보 자료(영상, 포스터, 소셜 미디어 콘텐츠 등)를 빠르고 효율적으로 생성한다.

[4단계 : 모니터링 및 조정]

선거 캠페인 중에 유권자의 반응을 수시로 모니터링하고, AI를 사용해 데이터를 분석해 이를 통해 전략을 실시간으로 조정할 수 있다. 유권자의 반응에 따라 AI를 활용해 전략을 지속적으로 수정하고 최적화한다.

[5단계 : 선거 후 분석 및 학습]

선거 결과를 분석해 어떤 전략이 효과적이었는지, 어떤 부분이 개선돼야 하는지를 파악한다. AI 모델을 사용해 이번 선거 경험을 학습 자료로 활용하고 미래의 선거 전략 개발에 적용한다.

이러한 접근 방식은 유권자와의 연결을 강화하고, 유권자의 요구에 부응하는 공약을 발굴하고, 홍보의 효율성과 효과성을 극대화할 수 있다. 본 내용에서는 데이터 수집 및 분석, 공약 개발 및 공약 홍보를 중점적으로 설명하고자 한다.

1) 데이터 수집 분석 및 공약 개발

정책 이슈 및 선거 공약을 발굴하기 위한 자료로 정부 웹사이트(예: 국가통계포털, 통계청, 각 부처의 공식 홈페이지 등)에서 제공하는 공공 데이터와 연구 보고서, 지방 자치단체의 웹사이트에 있는 지역별 통계 및 발전 계획을 포함한 다양한 데이터를 들 수 있다.

(1) 중앙선거관리위원회

중앙선거관리위원회 홈페이지(https://www.nec.go.kr/)의 '정보공간 〉 기타정보'에는 '정책공약마당'이라는 메뉴가 있다. [그림1]과 같이 정당 정책, 당선인 공약, 공약이슈트리를 확인할 수 있다.

[그림1] 중앙선거관리위원회 정책공약마당

'공약이슈트리 확인하기'는 우리 동네 관심 키워드에 대해 한국정당학회에 의뢰, 지역별 언론 빅데이터 분석을 통해 이슈 키워드를 도출한 것으로써 17개 지역별 5개 대주제(도시/지역발전, 산업/경제, 사회복지/문화/여성 가족/건강/보건, 환경/소방/재난 안전, 정치/행정 자치)에 대한 관심 키워드를 찾아볼 수 있다.

예를 들어 '지역선택'에서 울산을 선택하고 '도시/지역발전'을 클릭하면 울산시민들이 해당 분야에서 주택/건축/생활시설, 도로 및 교통, 도시계획 및 개발에 관심이 높다는 것을 알 수 있다.

[그림2] 공약이슈트리 확인하기, 울산 사례(출처 : 중앙선거관리위원회)

[그림2]의 키워드들은 세부적인 선거 공약을 발굴하기 전에 넓은 범위의 이슈 카테고리를 설정할 때 도움이 될 것이다.

또한 '공약이슈 설문조사 보기' 메뉴에서는 17개 지역별 5개 분야별 관심도 비중을 알 수 있고, 분야별 성별/연령별 이슈 키워드의 관심 순위를 확인해 볼수 있다. 위의 울산시 사례를 다시 살펴보면 관심도 비중은 산업/경제 36.8% 〉도시/지역발전 26.6% 순으로 높은 것으로 나타났다,

한편 도시/지역발전 분야의 이슈 키워드 Top20을 살펴보면 울산역 복합환승센터 정비, 수소 트램 건설, 공영주차창 설치/증축 순으로 관심도가 높음을 알 수 있다.

순위	이슈 키워드 (1 ~ 10위)	순위	이슈 키워드 (11 ~ 20위)
1	울산역 복합환승센터 정비(도시개발)	8	어르신 공공임대주택
2	수소 트램 건설	9	노후 단독주택 리모델링 지원
3	공영주차장 설치/증축	9	상습침수지역 하수관로 정비
4	고속열차/광역철도 노선 신설	10	청년 공공임대주택
4	유료도로 통행료 무료화	11	개발제한구역 개편
4	울산외곽순환고속도로 건설	11	직통버스 노선 확대
4	부울경 메가시티	11	울산공항 확장
5	재개발/재건축 규제 완화	12	2030년 수소타운 건설
6	부울경 광역철도망 구축	12	옥동 군부대 이전
7	주거환경 개선	12	생활 기반시설 정비/확충(아파트 단지 도로/가로등/도색 등)

[그림3] 공약 이슈 설문 조사 보기, 울산 도시/지역발전 이슈 키워드(출처 : 중앙선거관리위원회)

주석에 의하면 본 내용은 2022년 4월부터 5월에 설문 조사한 내용의 결과로 돼 있으므로 2024년 1월 현시점에서 봤을 때 일부 이슈는 누락 돼 있을 수도 있다.

[그림2]의 공약이슈트리를 5개 분야별로 확인해 보고 해당 정보를 활용해 데이터 분석을 해 보기로 한다.

우선 챗GPT에게 선거 기획 및 홍보 전문가로 역할을 부여하기 위해 다음과 같이 주문했더니, 구체적인 질문을 주기도 전에 주요한 전략을 제공해 주고 있다.

[질문]

당신은 선거 기획 및 홍보 전문가로서 내가 선거 공약 발굴 및 홍보에 대한 조언을 구할 때 선거에 도움이 될 수 있도록 최선을 다해 답변해 주시기 바랍니다.

[챗GPT 4]

틀림없이! 선거 공약을 찾고 홍보할 때 캠페인이 효과적이고 유권자의 공감을 불러일으킬 수 있도록 사용할 수 있는 몇 가지 전략이 있습니다.

1. 주요 문제 식별: 대상 유권자에게 중요한 주요 문제를 식별하기 위해 철저한 조사를 수행하는 것부터 시작하십시오. 여기에는 소셜 미디어 동향 분석, 설문 조사 수행 또는 포커스 그룹 호스팅이 포함될 수 있습니다. 유권자의 우려사항과 우선순위를 이해하는 것은 적절하고 호소력 있는 공약을 수립하는 데 매우 중요합니다.

2. 명확하고 달성 가능한 서약(공약*) 개발: 귀하의 연구를 바탕으로 관련성이 있을 뿐만 아니라 현실적이고 달성 가능한 공약을 개발하세요. 유권자들은 구체적이고 명확하며 자신의 우려사항에 대한 실질적인 해결책을 제공하는 공약에 참여할 가능성이 더 높습니다.

3. 데이터 기반 접근 방식 사용: 데이터 분석을 활용해 유권자의 다양한 계층에 맞게 메시지를 맞춤화합니다. 이는 다양한 유권자 그룹의 요구에 직접적으로 대응하는 개인화되고 타겟팅된 캠페인을 만드는 데 도움이 될 수 있습니다.

4. 여러 채널을 통해 참여: 기존 미디어 플랫폼과 디지털 미디어 플랫폼을 혼합해 활용해 서약을 홍보하세요. 여기에는 소셜 미디어, 지역 커뮤니티 행사, 시청, TV 및 라디오 광고, 다이렉트 메일 캠페인이 포함됩니다. 각 플랫폼은 고유이렉트 메일 캠페인이 포함됩니다. 각 플랫폼은 고유한 장점을 갖고 있으며 유권자의 다양한 계층에 접근하는 데 도움이 될 수 있습니다.

5. 스토리텔링 및 정서적 호소: 스토리를 전달하고 유권자와 정서적으로 연결되는 방식으로 메시지를 작성하십시오. 사람들은 개인적 차원에서 자신에게 공감되는 공약을 기억하고 지지할 가능성이 더 높습니다.

6. 투명성과 정직성: 귀하의 공약을 투명하게 하십시오. 정직은 신뢰를 구축하고, 유권자들은 현실적으로 달성할 수 있는 일에 대한 솔직함을 높이 평가합니다.

7. 일관적인 메시징: 모든 플랫폼에서 메시징이 일관되게 유지되도록 하세요. 혼합된 메시지는 유권자들 사이에 혼란과 회의를 불러일으킬 수 있습니다.

8. 모니터링 및 조정: 캠페인의 효과를 지속적으로 모니터링하고 필요에 따라 전략을 조정할 준비를 하십시오. 유권자의 태도와 우선순위는 바뀔 수 있으며, 유연성을 유지하면 이에 따라 공약과 캠페인 전술을 조정할 수 있습니다.

9. 커뮤니티 참여: 지역 이벤트, 포럼, 토론을 통해 커뮤니티에 적극적으로 참여합니다. 이는 귀하의 공약을 홍보하는 데 도움이 될 뿐만 아니라 유권자의 의견을 경청하고 함께 일하겠다는 귀하의 의지를 보여줍니다.

10. 영향력 있는 사람 및 옹호자와 협력: 귀하의 메시지를 증폭시키고 귀하의 공약에 대한 신뢰성을 높이는 데 도움을 줄 수 있는 지역 영향력 있는 사람, 지역 사회 지도자 및 옹호자와 협력하십시오.

핵심은 유권자와 진실되고 효과적으로 소통해 유권자의 우려 사항을 해결하는 명확하고 실용적인 솔루션을 제공하는 것임을 기억하십시오.

다음으로 울산시의 5개 분야별 이슈 키워드 전체를 pdf 또는 엑셀 파일로 다운로드하고 싶었으나, 해당 메뉴가 존재하지 않아 분야별로 해당 내용을 화면 캡처해 이미지 파일 5개를 챗GPT 프롬프트 창에서 업로드한 후 고급 데이터 분석에 활용해 보기로 했다.

[질문]

위 데이터는 울산시 지역주민들이 관심을 갖고 있는 5개 분야별 이슈 키워드들을 정리한 자료입니다. 잘 인식하고 있는지 확인하기 위해 5개 분야별로 이슈 키워드 Top1이 뭔지 표로 정리해 봐 주세요.

그러나 이미지를 텍스트로 추출하는 과정에서 시간이 많이 걸려 결국은 에러가 발생했다. 일반적으로 pdf, 엑셀, 텍스트 파일 등은 챗GPT가 내용을 잘 인식하나, 가끔은 이미지 파일 내의 텍스트를 잘 인식하지 못하는 경우가 있다.

대응 방안으로 홈페이지에서 1개 분야씩 텍스트로 복사한 후 챗GPT 프롬프트 창에 붙여넣기를 하고 다음과 같이 추가로 지시했다.

위 키워드들은 2022년 4월 설문조사의 결과로써, 울산시민들이 관심을 갖고 있는 도시/지역발전 분야의 이슈 키워드입니다.

1. 2022년 5월 이후 울산시의 도시/지역발전 이슈 키워드가 있을지 웹 서치를 통해 알아보고 있으면 추가 키워드를 알려 주세요.

2. 위의 기존 키워드와 신규 키워드를 기반으로 해 2024년 선거 공약 이슈를 발굴하고 차별화된 공약을 추천해 주세요.

[챗GPT 4]

울산시는 다양한 출처에서 수집된 정보를 바탕으로 스마트하고 지속가능한 도시 조성에 중점을 두고 도시 및 지역발전에 큰 진전을 이루고 있습니다. 2022년 5월 이후에 확인된 몇 가지 추가 키워드와 주제는 다음과 같습니다.

1. 스마트 울산 이니셔티브: 울산은 스마트 교통, 안전 등 36개 분야에 걸쳐 다양한 스마트 시티 서비스에 투자하고 있습니다. 도시는 지속 가능한 발전을 통해 시민의 행복과 편의를 증진하는 것을 목표로 한다.

2. 울산형 뉴딜: 울산형 뉴딜은 그린 뉴딜, 스마트 뉴딜, 휴먼 뉴딜의 세 가지 분야에 중점을 두고 있습니다. 태화강역 수소복합허브, 스마트 깨끗한 물 프로젝트 등의 사업이 포함됩니다.

3. 산업단지 리모델링: 도시 산업지역을 활성화하고 혁신과 성장을 촉진하기 위한 대규모 노력의 일환으로 산업단지 리모델링에 중점을 두고 있습니다.

4. 5차(G) 산업 시대의 디지털 트랜스포메이션 : 울산은 연구개발, 국제표준화, 혁신 인재 양성 등 디지털 트랜스포메이션을 통해 미래도시로 도약하고자 합니다.

이러한 상황을 고려할 때, 2024년 선거 공약 이슈의 경우 현재 진행 중인 프로젝트와 시의 전략적 방향에 부합하는 공약을 고려하는 것이 바람직할 수 있습니다. 차별화된 공약에 대한 권장 사항에는 다음이 포함될 수 있습니다:

1. 디지털 인프라 강화: 공공 Wi-Fi 확대, 시민을 위한 디지털 서비스 등 울산의 스마트 시티 전환을 지원하기 위해 디지털 인프라 가속화에 전념합니다.

2. 그린 에너지 이니셔티브: 부유식 해상 풍력, 수소 산업 개발 등 재생 에너지 프로젝트에 대한 구체적인 투자를 통해 울산의 탄소 중립 목표를 지원하겠다고 약속합니다.

3. 대중교통 혁신: 도시 항공 이동성(UAM) 및 자율주행 셔틀 서비스 개발과 같은 스마트 교통 솔루션의 확장을 옹호합니다.

4. 삶의 질에 초점: 생활 인프라를 개선하고 특히 노인과 청소년을 위한 주택용 스마트 솔루션을 제공해 스마트 도시의 혜택이 모든 시민에게 도달하도록 보장합니다.

5. 지속가능한 도시계획: 산업 성장과 환경 보전의 균형을 유지하면서 울산 도시 지역의 지속 가능한 발전을 강조합니다.

이러한 공약은 현재의 추세와 발전을 다룰 뿐만 아니라 울산시민의 미래 요구를 구상해 회복력 있고 기술적으로 진보하며 높은 삶의 질을 제공하는 도시를 보장하기 위해 작성돼야 합니다.

위와 같은 챗GPT의 추천 공약은 참고하되, 실제 공약을 확정하기 전에 팩트 체크와 전문가들의 의견 수렴 및 검증을 거치도록 하는 것이 좋다.

한편, 위에서 살펴본 5개 분야별 이슈 키워드는 성별(남, 녀), 연령별(만 18~39세, 만 40~59세, 만 60세 이상) 조합별로 각각 다른 결과를 제공해 주고 있으므로 성별·연령별 맞춤형 정책 개발이 가능할 것이다.

중앙선거관리위원회 홈페이지의 자료 공간에는 연구자료/학술지, 역대 후보자 선전물 등 참고할 수 있는 자료가 많이 있으므로 관련 자료를 다운로드 받아 챗GPT를 통해 요약, 분석 및 인사이트 도출에 활용해 볼 수 있다.

(2) 기타 공약 발굴에 도움이 될 자료 소스

대한민국 정책브리핑(https://www.korea.kr/)의 정책자료에는 주제별, 유형별(정책 보고, 연구 보고, 여론조사 등), 출처별(정부 부처별) 자료를 참고할 수 있다.

이 사이트에 게시돼 있는 기획재정부가 작성한 '2024년부터 이렇게 달라집니다' 자료 pdf(총 298페이지)를 챗GPT에 업로드한 후 이를 기반으로 인천시 선거용으로 창의적이고 차별화된 공약을 발굴하도록 요청해 보았다.

[질문]

★231229_기획재정부 202...
PDF

이 자료를 분석한 후 2024년 4월 인천시에 출마할 국회의원 선거용 공약을 추천해 줘. 자료를 기반으로 정책이슈를 참고하되, 좀 더 창의적이고 차별화된 공약을 발굴해 줘.

[챗GPT 4]
문서 "★231229_기획재정부 2024년부터 이렇게 교환합니다.pdf" 문서에는 2024년부터 대한민국에서 시행될 다양한 정책 변화와 이니셔티브가 요약돼 있습니다. 이러한 변화는 금융, 조세, 교육, 의료, 고용, 문화, 환경, 산업, 농업, 국방. 각 부문에서는 국가 발전과 복지에 대한 포괄적인 접근 방식을 반영하는 새로운 규정, 지원 프로그램, 개발 프로젝트를 제시합니다.

이러한 통찰을 바탕으로, 인천시 국회의원 선거를 위한 창의적이고 차별화된 공약은 이러한 새로운 정책을 지역적 요구에 부응하는 데 활용하는 데 집중할 수 있을 것입니다. 예를 들어 인천의 교육 인프라 강화, 의료 및 복지 프로그램 촉진, 새로운 재정적 인센티브로 중소기업 및 스타트업 지원, 국가 녹색 계획에 따른 환경 지속 가능성에 초점을 맞춘 서약을 할 수 있습니다. 핵심은 이러한 국가적 변화를 인천시의 특정 상황과 요구에 맞게 조정해 지역 주민들이 이러한 새로운 정책으로부터 최적의 혜택을 누릴 수 있도록 하는 것입니다.

그러나 답변이 구체적이지 않아서 "공약이 너무 평범한 것 같아. 창의적이고 차별적인 공약을 구체적으로 10개 제시해 줘" 라고 추가 질문하자, 아래와 같이 답변이 구체화되는 것을 볼 수 있다.

[챗GPT 4]
인천시의 창의적이고 차별화된 선거 공약 10가지를 소개합니다.

1. 스마트 시티 통합: 유틸리티, 교통, 공공 서비스의 효율적인 관리를 위해 도시 전체의 IoT 네트워크를 개발합니다.
2. 해안 생태계 보존: 인천의 해안 생물 다양성을 보호하기 위해 독특한 해양 보존 프로그램과 수중 공원을 시작합니다.

3. 혁신적인 교육 허브: AI, 로봇 공학, 녹색 기술에 초점을 맞춘 전문 교육 센터를 설립합니다.

4. 도시 농업 혁명: 옥상 정원과 수직 농업을 장려해 지역 식량 안보와 녹지 공간을 강화합니다.

5. 청년 기업가 생태계: 젊은 기업가를 멘토, 투자자 및 리소스와 연결하는 디지털 플랫폼을 만듭니다.

6. 노인 기술 지원: 노인을 위한 맞춤형 기술 교육을 제공해 그들이 연결돼 있고 독립적인 상태를 유지할 수 있도록 돕습니다.

7. 문화융합축제: 인천의 다양한 문화와 전통을 선보이는 국제축제를 매년 개최합니다.

8. 친환경 교통 인센티브: 전기 또는 무동력 교통을 이용하는 주민들에게 인센티브를 구현합니다.

9. 커뮤니티 아트 프로젝트: 지역 이웃을 참여시키고 아름답게 만드는 대규모 공동 예술 프로젝트에 자금을 지원합니다.

10. 현대적 트위스트를 통한 역사 보존: AR 경험을 통해 유적지를 현대화해 관광을 유치하고 주민을 교육합니다.

다음에는 통합 슬로건을 만들어 달라고 요청해 보았다.

[질문]
위 선거 공약 10가지를 기반으로 차별적인 통합 슬로건을 5개 제안해 줘.

[챗GPT 4]
1. "인천의 조화: 기술과 전통의 결합" - 현대 기술과 인천의 풍부한 문화유산의 통합을 강조하는 슬로건입니다.

2. "에코인천: 녹색 성장, 스마트한 삶" - 도시 농업과 스마트하고 지속 가능한 삶에 대한 의지를 강조합니다.

3. "인천의 모자이크: 직조 기술, 자연, 그리고 문화" - 기술 발전, 환경 보전, 문화 다양성의 조화에 중점을 둡니다.

4. "인천의 미래 캔버스: 커뮤니티 컬러로 혁신을 그리다" - 커뮤니티 중심의 혁신과 예술적 표현을 통해 미래를 만들어가겠다는 생각을 반영합니다.

5. "인천의 뉴 웨이브: 청년 주도, 기술 주도, 친환경" - 청년 중심, 첨단 기술, 환경을 고려한 도시 육성의 본질을 포착합니다.

선거 홍보물로 사용할 수 있도록 앞 5번 슬로건과 어울리는 포스터를 그려달라고 했더니 [그림4]와 같은 그림이 출력됐다.

[그림4] 포스터 이미지 생성 예시

챗GPT 4에는 이미지 생성 AI인 Dalle-3가 탑재돼 있어, 채팅 중 관련 콘셉트의 그림을 그려달라고 하면 바로 그려 준다. 이미지 내에서 한글 표현은 아직 지원되지 않고 있으나, 영어표현의 경우 정확도가 많이 개선됐다. 위 사례에서는 영어 스펠링이 다소 부정확한 것을 알 수 있다.

(3) 정부 사이트 소통24

정부 사이트 중 '소통24'(https://sotong.go.kr/)의 정책 제안 메뉴 '혁신제안톡'과 '타 플랫폼 제안 검색'에서 국민들의 제안 내용을 볼 수 있다. '정책소통포럼'에서는 함께 고민해 해결하고 싶은 주제를 확인할 수 있다. 국민권익위원회가 운영하는 '한눈에 보는 민원 빅데이터' (https://bigdata.epeople.go.kr/)의 분석 정보에서는 대한민국 이슈 민원키워드, 지역별

Top10 키워드, 민원 빅데이터 동향 국민의 소리(연간, 월간, 주간) 등의 자료가 있다. 이러한 데이터도 정책 이슈 및 선거 공약 발굴에 참고해 볼 수 있을 것이다.

(4) 빅카인즈

이번에는 뉴스 빅데이터 분석 서비스인 '빅카인즈'(https://www.bigkinds.or.kr/)를 통해 지역의 이슈를 찾아보는 방법을 소개해 본다.

빅카인즈 사이트의 뉴스 분석 〉 뉴스 검색·분석 메뉴의 검색어에 행정구역 이름(예, 화성시)을 입력하면 검색 결과에 최근 3개월간의 기사가 검색된다. 기간은 검색어 입력 단계에서 조정이 가능한데, 화성시 검색의 경우 3개월에는 3,172건, 1년일 경우 1만 1,249건으로 검색된다.

다음 단계로 화면 하단의 '뉴스 분석'을 클릭하면 '분석 결과 및 시각화' 단계로 넘어가 뉴스식별자, 일자, 언론사, 기고자, 제목 등 기사와 관련된 다양한 내용의 정보가 제공되며 엑셀로 다운로드가 가능하다. 또한 해당 메뉴의 연관어 분석에서는 키워드를 워드 클라우드와 막대그래프 형태로 보여준다.

다운로드 받은 엑셀을 챗GPT 고급 데이터 분석을 이용해 추가적인 분석을 해 볼 수 있다.

[질문]

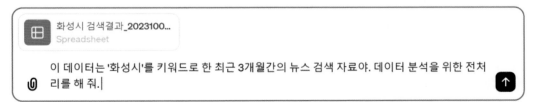

[챗GPT 4]

엑셀 파일에는 화성시와 관련된 뉴스 기사 데이터 세트가 포함돼 있습니다. 데이터에는 뉴스 식별자, 날짜, 출판사, 작성자, 제목, 다중 분류 범주, 사건/사고 범주, 관련 개인, 언급된 위치, 언급된 조직, 키워드, 특징 추출, 기사 본문, URL 및 필드 등 다양한 필드가 포함됩니다. 분석에서 제외됩니다.

분석을 위해 이 데이터를 전처리하려면 다음 단계를 고려할 수 있습니다.

데이터 정리: 분석 요구 사항에 따라 관련 없는 열을 제거합니다. 열의 누락된 값을 처리합니다(채우기 또는 제거). 데이터 형식(예: 날짜 형식)의 불일치를 수정합니다.

텍스트 처리: 기사 제목, 본문과 같은 텍스트 열의 경우 텍스트 정규화(예: 소문자)를 수행합니다. 관련이 없는 특수 문자나 숫자는 모두 삭제하세요.

분류: 분류 항목('통합 분류1', '통합 분류2' 등)을 분석하고, 필요에 따라 통합 또는 단순화합니다.

특징 추출: 텍스트 필드에서 유용한 정보를 추출합니다. 예를 들어 기사의 주요 주제나 주제를 이해하려면 '키워드'와 '가중치순 상위 50개' 열을 이용하세요.

날짜 처리: 시계열 분석을 위해 날짜 필드를 적절한 날짜/시간 형식으로 변환합니다.

텍스트 분석: 텍스트 데이터에 대해 감정분석, 주제모델링 또는 기타NLP 기술을 수행해 통찰력을 얻습니다.

데이터 변환: 날짜별, 카테고리별로 데이터를 집계하는 등 분석 목적에 적합한 형식으로 데이터를 정리합니다.

이러한 전처리 단계 중 일부 또는 전체를 진행하시겠습니까? 그렇다면 어떤 단계를 지정하거나 염두에 두고 있는 특정 분석 목표가 있는지 알려주십시오.

[질문]
금번 데이터 분석의 목표는 정책 이슈 및 선거 공약을 발굴하기 위함이야. 이를 염두에 두고 전처리 전체를 진행해 줘.

[챗GPT 4]
화성시 관련 뉴스데이터 전처리는 정책현안 발굴, 선거 공약 발굴을 중심으로 완료됩니다. 취한 조치를 요약하면 다음과 같습니다.

데이터 정리: 정책분석을 위해 관련성이 높은 데이터에 집중하기 위해 '뉴스분'(뉴스 식별자), '기고자'(저자), 'URL', '분석제외 여부'(분석제외 여부) 등 관련 없는 항목을 삭제했습니다.

텍스트 처리: '제목'(제목) 및 '본문'(본문) 열의 텍스트는 텍스트 분석을 용이하게 하기 위해 소문자로 표시되고 특수 문자가 삭제됐습니다.

분류: 1차 분류인 '통합 분류1'(통합 분류 1)만 유지하고 2차, 3차 분류와 세부 사고/사건 분류를 삭제해 분류를 단순화했습니다.

날짜 처리: '일자'(날짜) 컬럼을 올바른 날짜/시간 형식으로 변환해 시계열 분석이 가능하도록 했습니다.

이 전처리된 데이터 세트는 이제 화성시의 정책 문제와 선거 공약을 분석하기 위한 보다 명확하고 집중적인 기반을 제공합니다. 다음 단계에서는 기사의 내용, 특히 키워드, 추출된 특징, 본문을 중심으로 분석해 널리 퍼진 주제, 정책 토론, 선거 공약에 대한 언급을 파악하는 것이 포함될 수 있습니다. 이 분석을 계속하시겠습니까?

[질문]
이 데이터에 대해서 탐색적 데이터 분석(EDA)을 하고 싶어.
1. 탐색적 데이터 분석을 할 수 있는 항목들을 목록으로 제시해 줘
2. 각 목록에 대해서 분석을 진행하고, 결과를 표와 시각화로 제시해 줘.
3. 분석 결과를 자세하게 해석해 줘.

* 본 EDA 관련 프롬프트는 송은정 교수의 GPTers 발표자료 '챗GPT로 검색어 트렌드 분석하고 선행연구 조사하기'에서 참고

[챗GPT 4]
탐색적 데이터 분석(EDA)은 데이터 세트를 이해하고, 패턴을 찾아내고, 정보에 입각한 결정을 내리는 데 중요한 단계입니다. 다음은 화성시 뉴스 데이터 세트에 대한 잠재적인 EDA 항목 목록입니다.

1. EDA 항목 목록:

1) 시간 경과에 따른 기사 분포: 시간이 지남에 따라 기사 수가 어떻게 변하는지 분석해 특정 기간에 뉴스 보도가 더 많았는지 파악합니다.

2) 출판사 분석: 화성시 소식을 가장 적극적으로 다루는 출판사를 조사합니다.

3) 카테고리 분석: 다양한 카테고리의 기사 분포를 분석해 어떤 유형의 뉴스(예: 정치, 사회, 경제)가 더 널리 퍼져 있는지 확인합니다.

4) 키워드 분석: 가장 자주 등장하는 키워드를 탐색해 주요 토론 주제를 이해합니다.

5) 위치 및 조직 언급 분석: 가장 많이 언급되는 위치 및 조직을 파악해 화성시 뉴스의 중심이 되는지 확인하세요.

6) 기사 제목의 감정분석: 자연어 처리(NLP)를 사용해 기사 제목의 감정을 분석해 뉴스의 일반적인 어조(긍정적, 부정적, 중립)를 이해합니다.

7) 제목 및 기사 본문을 위한 단어 클라우드: 제목과 기사 본문에서 가장 일반적인 단어를 시각화하기 위해 단어 클라우드를 만듭니다.

8) 상관 분석: 수치 데이터(예: 기사 길이, 언급 수 등)가 있는 경우 이들 간의 상관 관계를 분석합니다.

2. 분석 실행 및 결과 발표:
이제 위에 나열된 항목에 대한 분석을 수행하고 결과를 테이블과 시각화로 표시하겠습니다.

3. 결과의 상세한 해석:
분석 후에는 각 결과에 대한 자세한 해석을 제공해 데이터에 대한 통찰력을 제공하겠습니다.

목록의 처음 몇 가지 항목부터 시작해 보겠습니다. 분석을 수행하고 그에 따라 결과를 제시하겠습니다.

[질문]

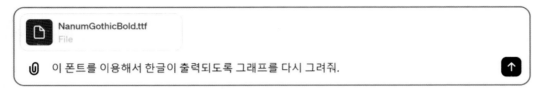

뉴스 데이터에 대한 탐색적 데이터 분석(EDA)가 부분적으로 완료됐으나 기술적 제한으로 인해 기사 제목의 감정 분석(긍정, 부정, 중립)은 수행할 수 없다고 결과가 나왔다.

우선 카테고리 분석을 해 시각화를 요청했더니 그래프를 그릴 때 한글을 인식하지 못해 글씨가 깨지는 현상이 발생했다.

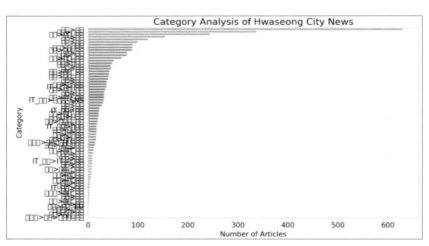

[그림5] 카테고리 분석 : 폰트 깨짐 현상

이런 경우에는 두 가지 접근방법이 있는데 첫 번째는 구글이나 네이버에서 무료 한글 폰트를 다운로드 받은 후 해당 폰트 파일을 챗GPT 프롬프트 창에 입력 후 진행하는 방법이 있다. 두 번째는 엑셀 데이터에서 분석하고자 하는 해당 한글 필드명을 영어로 번역시킨 후 진행하는 방법이다.

  필자는 첫 번째 방법으로 시도했으나 같은 문제점이 지속됨에 따라 영어로 번역시킨 후 진행했더니 폰트 깨짐 현상이 해결됐다.

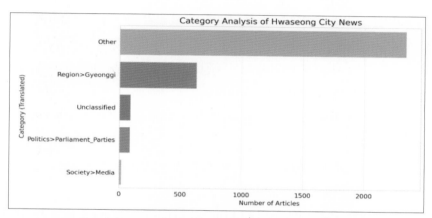

[그림6] 카테고리 분석 : 영어 번역으로 폰트 깨짐 해결

  한글 폰트가 입력된 현재 상태에서 이번에는 기사 제목에 대한 워드 클라우드 생성을 요청했더니 [그림7]과 같이 한글이 깨지지 않고 출력됐다.

[그림7] 워드 클라우드 사례 : 화성시 뉴스 제목

끝으로 위의 카테고리 분석, 키워드 분석, 기사 제목 분석 등을 통해 2024년 4월 화성시 국회의원 선거에 사용할 만한 선거 공약 이슈를 10개 도출해 달라고 요청했더니 다음과 결과가 나타났다.

[챗GPT 4]
화성시 뉴스데이터의 카테고리 분석, 키워드 분석, 기사 제목 분석을 바탕으로 2024년 4월 화성시 국회의원 선거와 관련이 있을 수 있는 10가지 공약 이슈를 정리했습니다.

1. 도시 개발 및 기반 시설: 도시 기반 시설을 강화하기 위해 대중교통, 도로망, 도시 개발 프로젝트를 개선하겠다고 약속합니다.
2. 환경 보호 및 지속 가능성: 환경 보존, 녹색 에너지 이니셔티브 및 지속 가능한 도시 계획에 대한 약속입니다.
3. 교육 및 청소년 프로그램: 교육 시설 개선, 학교 자금 조달 증가, 청소년 기술 개발 및 고용을 위한 프로그램 개발에 중점을 둡니다.
4. 의료 및 공중 보건: 특히 진행 중이거나 미래의 건강 위기에 대응해 의료 서비스를 강화하고 의료 시설에 대한 접근성을 확대하며 공중 보건 계획을 개선합니다.
5. 경제 성장 및 일자리 창출: 지역 경제 성장을 촉진하고 중소기업을 지원하며 특히 신흥 산업에서 일자리 기회를 창출하기 위한 전략입니다.
6. 저렴한 주택: 저렴한 주택 프로젝트 개발 및 최초 주택 구입자를 위한 지원을 포함해 주택 구입 가능성을 해결하기 위한 정책.
7. 안전 및 범죄 예방: 공공 안전 조치 강화, 법 집행 역량 강화, 범죄 예방 프로그램 구현.
8. 문화 및 휴양 시설: 삶의 질을 향상시키고 관광을 촉진하기 위해 문화 기관, 공원, 휴양 시설에 투자합니다.
9. 대중교통 확대: 버스, 지하철, 자전거 도로 등 대중교통 시스템을 확대하고 현대화할 계획입니다.
10. 커뮤니티 참여 및 투명성: 지역 거버넌스에 대한 커뮤니티 참여 확대, 의사 결정 과정의 투명성, 선출직 공무원과 주민 간의 의사소통 개선에 전념합니다.

이러한 이슈는 뉴스 분석에서 관찰된 주요 주제와 관심사에서 파생됐으며, 화성시민의 공감을 불러일으킬 수 있는 영역을 나타냅니다. 이는 도시의 도시적, 경제적, 사회적 역동성을 고려해 지역사회의 현재와 미래의 요구를 해결하도록 설계됐습니다.

(5) 주민들의 의견 청취

주민들의 실제 요구와 열망에 부합하기 위한 가장 좋은 방법은 주민들의 의견을 청취해 선거 공약을 발굴하는 것이다. 이 방법은 현실적으로 이행할 수 있는 실현 가능성이 높은 공약을 선정할 수 있고 유권자와 후보자 간의 신뢰 구축에 도움을 줄 수 있다.

조사 방법에는 온라인 및 종이 설문지를 통한 설문조사 외에 주민들이 직접 의견을 발표할 수 있는 토론회, 포커스 그룹 인터뷰, 페이스북/인스타/트위터 등과 같은 SNS를 활용한 의견 수렴, 지역 커뮤니티 리더의 의견 청취 등을 들 수 있다.

이와 같은 조사에서는 개인정보를 침해하지 않도록 하고 수집된 데이터를 윤리적으로 처리할 수 있도록 고려해야 한다. 청취된 의견은 정리해 챗GPT에게 요약, 분석을 통해 인사이트를 도출해 공약 발굴로 이어질 수 있다.

2) 선거 홍보전략

(1) SNS 채널 활용

선거 공약이 완성되면 다양한 채널을 통해 홍보해야 하는데 SNS 채널의 중요성은 점점 더 높아지고 있다. 성별 연령 별로 자주 이용하는 채널이 상이하고 변화하므로 최근 이용 형태를 분석하고, 출마하는 지역의 인구 통계를 참고해 맞춤형 홍보를 하는 전략이 필요하다.

오픈서베이의 소셜미디어·검색포털 트렌드 리포트 2023에 따르면 전반적인 정보 탐색 시 이용하는 플랫폼은 네이버 〉 유튜브 〉 카카오톡 〉 구글 〉 인스타그램 〉 다음 등의 순이며, 유튜브와 인스타그램은 전년 대비 최근 이용률이 증가했다. 남성은 구글·네이버 밴드·페이스북·틱톡 등을, 여성은 카카오톡·인스타그램 등을 이용하는 비중이 상대적으로 높고, 40~50대는 다음·네이버밴드·카카오스토리의 이용 현황이 상대적으로 높다.

정보 탐색 시 이용 경험 플랫폼	최근 1개월 내 이용 경험 전체	Gap (vs.22년)	최근 1주일 내 이용 경험 전체	Gap (vs.22년)	성별 남성	성별 여성	연령 10대	연령 20대	연령 30대	연령 40대	연령 50대
Base	(5000)		(4956)		(2539)	(2417)	(362)	(984)	(1025)	(1252)	(1333)
네이버	94.3	+0.4	91.3	+0.1	90.5	92.3	87.0	94.3	94.9	91.7	87.2
유튜브	87.5	+1.5	85.2	+2.4	85.3	85.1	88.4	89.7	85.6	83.5	82.4
카카오톡	82.8	-0.2	80.6	-1.0	77.5	83.9	80.7	80.8	80.6	79.9	81.2
구글	77.7	+1.3	66.1	+0.9	77.2	54.4	77.3	78.0	73.7	64.0	50.3
인스타그램	61.8	+2.4	56.7	+3.3	52.3	61.3	82.9	74.1	68.5	50.1	33.8
다음	46.9	-2.9	36.8	-2.9	38.4	35.2	8.0	18.6	33.7	47.2	50.9
네이버 밴드	33.4	+0.7	22.6	+0.6	27.5	22.6	9.7	14.6	27.7	32.9	27.7
페이스북	32.0	-3.7	22.6	-3.5	28.6	16.3	23.8	25.5	22.0	20.6	22.5
트위터	21.8	+1.9	15.9	+1.7	15.9	16.0	37.6	25.3	13.6	10.9	9.7
네이트	17.5	-0.8	12.2	-0.9	12.1	13.3	4.4	9.8	19.6	12.1	12.3
카카오스토리	19.0	-0.9	12.2	-0.5	10.9	13.5	3.0	3.3	8.1	16.4	20.4
틱톡	14.1	+0.8	9.1	+0.2	10.6	7.6	23.8	9.0	6.3	9.3	7.2
줌(검색 포털 zum)	17.4	-4.9	9.0	-4.7	9.3	8.6	7.2	9.2	9.8	9.5	8.1
블라인드	11.8	+1.2	8.7	+0.8	11.9	5.2	2.5	10.6	17.1	7.5	3.8
에브리타임	10.6	+0.6	8.2	+0.3	8.0	8.4	28.5	25.9	1.9	1.0	1.4
핀터레스트	8.7	-0.2	5.3	0.0	3.9	6.8	12.2	8.0	5.2	3.3	3.5
링크드인	5.3	0.0	3.6	+0.2	5.0	2.0	1.7	3.7	5.0	2.9	3.6
텀블러	4.5	+0.4	2.3	+0.4	2.8	1.8	2.2	2.7	2.5	2.1	2.2
빙	3.7	+0.7	2.0	+0.7	3.3	0.7	1.7	1.6	2.7	2.0	2.0
제페토	3.7	N/A	1.8	N/A	2.4	1.2	2.5	2.2	2.1	1.3	1.4
빙글	1.6	+0.2	0.9	+0.1	1.3	0.5	0.8	1.1	1.3	0.8	0.7
평균 이용 개수	('22) 6.62개 → ('23) 6.56개		('22) 5.61개 → ('23) 5.56개		5.75개	5.37개	5.86개	5.88개	5.82개	5.49개	5.12개

[그림8] 정보 탐색 시 이용 경험 플랫폼(출처:오픈서베이, 소셜미디어·검색포털 트렌드 리포트 2023)

국가통계포털(https://kosis.kr/)의 인구 통계에는 시군구별 성별, 연령별 통계를 제공하고 있다. 지역별 인구 특성과 소셜미디어·검색포털 트렌드를 매칭해 적합한 홍보 채널을 선택하기를 추천한다.

(2) 원소스 멀티 유즈(One Source Multi-use)

위의 소셜미디어·검색포털 트렌드를 살펴보면 네이버, 유튜브, 인스타그램, 페이스북 등 매우 다양한 채널에 홍보물을 노출해야 하는데, 하나의 핵심 콘텐츠를 제작해 다른 채널에 맞게 일부 재가공해 사용함으로써 시간과 비용을 줄이면서도 노출을 확산하는 '원소스 멀티 유즈 전략'이 필요하다.

생성 AI의 발전은 원소스 멀티 유즈 콘텐츠를 점점 편리하게 제작할 수 있는 환경을 제공하고 있다. 유튜브 영상을 분석해 블로그로 쉽게 변환해 주고(lilys), 롱폼의 유튜브 영상을 여러 개의 숏폼 영상으로 쉽게 분할 해 주는 도구도 있다(VIZERO, AICO 등). My GPTs 챗봇을 통해 블로그, 유튜브 대본, 쇼츠 대본, 인스타그램 카드뉴스 이미지 등을 한꺼번에 작성할 수 있는 도구를 만든 사례도 있다.

(3) QR코드 활용

국내에서 'QR코드' 활용이 본격적으로 확산된 것은 코로나19 예방접종을 증명하는 데 QR코드를 활용한 것에 기인할 것이다. QR코드는 온라인과 오프라인을 연계하는 마케팅 도구로도 많이 활용되고 있으며, 필자는 명함에 QR코드를 삽입해 간접 홍보물로 사용하고 있다.

선거 홍보물 중 전단지, 간단한 소책자, 현수막 등은 글자 수가 제한되거나 다양한 이미지, 동영상 등을 활용하지 못하는 제약사항이 있다. 다양한 선거 공약의 구체적인 내용, 이미지, 동영상 등을 담은 홈페이지 또는 랜딩 페이지를 QR코드에 담아서 활용하면 오프라인 공간에서도 다양한 온라인 매체를 볼 수 있는 장점이 있다.

QR코드를 제작하는 방법은 네이버QR, 미리캔버스, QR코드리더(모바일 앱) 등 다양한 도구가 있는데, 챗GPT 고급 데이터 분석 기능을 통해서도 간단하게 제작하는 방법이 있어 소개한다.

홈페이지 또는 랜딩 페이지의 URL을 챗GPT 프롬프트 창에 복사해 붙여 넣은 후 QR코드를 만들어 달라고 하면 다음과 같이 바로 다운로드 받을 수 있는 링크를 생성해 준다. 아래에서 예시로 사용한 URL은 네이버QR로 만들었던 필자의 QR코드 링크이다.

[질문]

https://naver.me/IDoxscpL
이 URL로 QR Code로 만들어 줘

[챗GPT 4]

ChatGPT
I have generated a QR code for the URL you provided. You can download and use it from the link below:

Download QR Code [⊅_]

[그림9] QR코드 예시

Epilogue

이 책을 통해 소개된 다양한 방법들은 선거 캠페인의 성공을 위한 데이터 중심의 현대적 접근방법을 반영했다.

챗GPT와 같은 고급 데이터 분석 도구의 사용은 선거 전략을 더욱 효과적이고 효율적으로 진행할 수 있게 함은 물론 유권자들의 요구에도 부응하고, 보다 창의적이고 혁신적인 방법으로 선거 공약을 개발하고 홍보하는 데 도움이 될 것이다.

하지만 AI와 데이터 분석을 활용할 때 우리는 정보의 정확성, 개인정보 보호, 편향성 감소를 고려하는 등 윤리적, 사회적 책임을 늘 염두에 둬야 한다.

앞으로 챗GPT와 같은 AI 기술이 선거와 정치 영역에서 더욱 중요한 역할을 할 것이 분명하다. 이 책이 제시한 아이디어와 전략들이 미래의 선거 캠페인을 위해 도움이 되기를 바라며, 챗GPT와 함께하는 미래 선거 전략의 새로운 지평을 여는 데 독자 여러분이 중요한 역할을 하기를 기대한다.

[참고자료]

- 국가통계포털 홈페이지(https://kosis.kr/)
- 기획재정부, 2024년부터 이렇게 달라집니다
- 대한민국 정책브리핑 홈페이지(https://www.korea.kr/)
- 빅카인즈(https://www.bigkinds.or.kr/)
- 소통24 홈페이지(https://sotong.go.kr/)
- 송은정, GPTers, 챗GPT로 검색어 트렌드 분석 하고 선행연구 조사하기
- 오픈서베이, 소셜미디어·검색포털 트렌드 리포트 2023
- 중앙선거관리위원회 홈페이지(https://www.nec.go.kr/)
- 한눈에 보는 민원 빅데이터 홈페이지(https://bigdata.epeople.go.kr/)

2

My GPTs
(Chat GPT 챗봇)를
활용한 혁신적인 AI 선거

류 정 아

제2장
My GPTs(Chat GPT 챗봇)를
활용한 혁신적인 AI 선거

Prologue

　인공지능 기술의 발전은 끊임없이 우리의 일상과 업무방식을 변화시키고 있다. 그중에서도 'My GPTs'는 최근 챗GPT의 발전 중 가장 혁신적이고 이례적인 진보로 평가받고 있다. 'My GPTs(Chat GPT 챗봇)를 활용한 혁신적인 AI 선거' 챕터는 바로 그 혁신의 핵심에 대한 탐구이다.

　My GPTs는 단순한 생성 AI 기능을 넘어서 선거 캠페인의 업무 효율화와 시간 단축에 혁명적인 변화를 가져올 수 있는 잠재력을 지니고 있다. 이 책을 통해 선거 캠페인 팀은 반복적인 작업을 자동화하고, 전략적 의사결정을 신속하게 내리며, 유권자와의 소통을 극대화하는 방법을 배울 수 있다. My GPTs의 도입은 선거 캠페인을 더욱 스마트하고 효과적으로 만들며 후보자의 메시지를 더 넓은 유권자에게 효과적으로 전달하는 길을 열어줄 것이다. 이 책은 그 여정을 안내하는 나침반이 될 것이다.

1. My GPTs란?

'My GPTs'는 사용자 맞춤형 생성 AI 기술로 특정 사용자의 요구와 목적에 맞춰 최적화된 대화형 인공지능이다. 이 기술은 기존 GPT(Generative Pre-trained Transformer) 모델을 기반으로 하되 사용자의 특정 요구사항에 맞게 미세 조정되어 개인화된 경험을 제공한다. My GPTs는 다양한 업무, 특히 반복적이고 시간 소모적인 작업을 자동화하는 데 탁월한 능력을 발휘한다.

이를 통해 사용자는 업무 효율성을 극대화하고, 전략적인 의사결정에 더 많은 시간을 할애할 수 있다. My GPTs의 도입은 비즈니스, 교육, 선거 캠페인 등 다양한 분야에서 혁신적인 변화를 가져오고 있다.

My GPTs를 만들기 위해서 챗GPT 로그인 후 왼쪽 메뉴 중간에 'Explore'를 눌러준다.

[그림1] Explore로 시작하기

'Create a GPT'를 눌러 'My GPTs' 만들기를 시작한다.

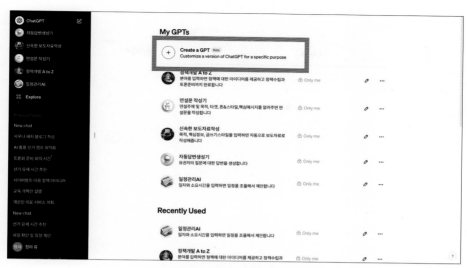

[그림2] Create GPT 클릭

2. how to make My gpts(만드는 방법) : create와 configuration

프롤로그에서 언급한 바와 같이, 'My GPTs'는 선거 캠페인의 혁신을 위한 강력한 도구이다. 이 기술은 기존 GPT 모델을 사용자의 특정 요구사항에 맞게 조정해 개인화된 경험을 제공한다. 'My GPTs'를 만드는 두 가지 주요 방법은 'Create'와 'Configuration'이다. 이 두 방법은 각각 다른 접근 방식과 장단점을 갖고 있다.

1) Create

'Create' 방법은 맞춤형 GPT 모델을 처음부터 새롭게 만드는 과정이다. 이 방식은 특정 목적에 맞춰진 완전히 독특한 모델을 필요로 할 때 사용된다. 사용자는 모델의 구조, 학습 데이터, 알고리즘 등 모든 측면을 처음부터 설계하고 구축한다. 이는 높은 수준의 맞춤화를 제공하지만, 더 많은 시간, 자원, 기술적 전문성을 요구한다.

Create a GPT를 클릭하면 최초 선택은 'Create'로 되어 있다. GPT와 대화를 통해 나만의 GPT를 다듬어 간다.

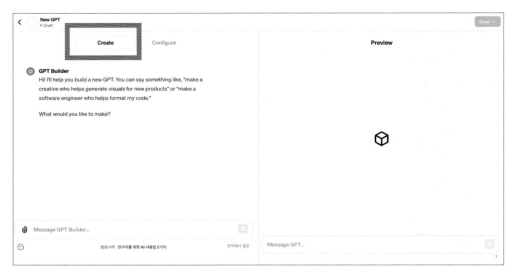

[그림3] Create GPT

원하는 GPT를 입력한다. 아직까지 한국어 최적화가 되어 있지 않아서 한글로 질문해도 영어로 답변이 나온다. 영어가 익숙하지 않다면 한글로 대답해달라고 요청할 수 있다. 번거롭더라도 번역기를 사용해 영어로 질문하면 더 정교한 GPT를 만들 수 있다.

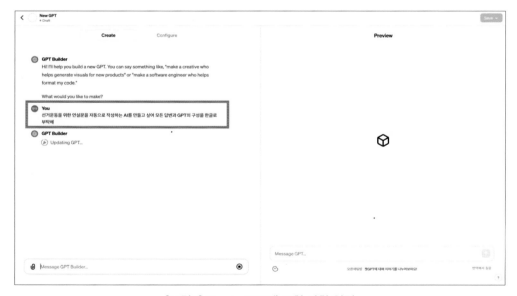

[그림4] Create GPT에 요청 사항 입력

원하는 GPT를 입력하면, 자동으로 이름을 추천해 주고 그에 걸맞은 이미지도 형성해 준다. 수정 보완 사항은 대화로 업데이트할 수 있다.

[그림5] Create로 이름과 이미지 생성

최상의 결괏값 도출을 위해 GPT와 추가 요청 사항을 다듬어 간다. GPT의 질문에 답변을 해주고 필요로 하는 내용은 구체적으로 요청할수록 답변이 최적화된다. 추가할 내용이 없으면 오른쪽 Preview에서 질문을 입력해 테스트를 진행한다. 질문입력창 위에 추천 질문을 클릭해도 되고, 새로운 질문을 입력해도 된다.

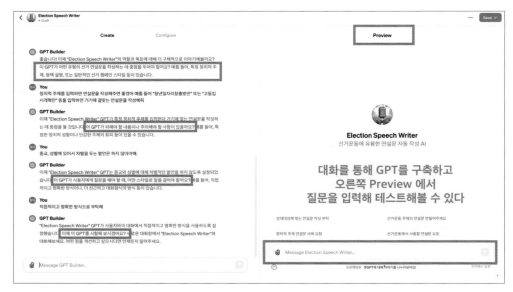

[그림6] Create GPT 다듬기

선택한 질문에 대해 GPT가 답변을 도출해 내고 있다.

[그림7] Preview 테스트 화면

GPT 테스트가 끝나면 저장하기로 작업을 완료한다. 저장할 때는 3가지 모드 중 한 가지를 선택해 Confirm 버튼을 눌러 준다.

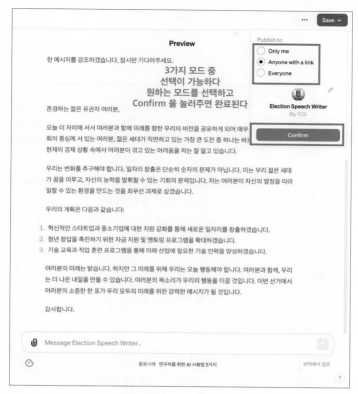

[그림8] Create GPT 저장하기

완성된 GPT는 오른쪽 상단 메뉴에서 'Edit GPT'를 눌러 수정 및 편집이 가능하다.

[그림9] Create GPT 수정하기

2) Configuration

반면, 'Configuration' 방법은 기존의 GPT 모델을 특정 요구사항에 맞게 조정하는 과정이다. 기존 모델의 기본 구조와 학습된 데이터는 유지하면서 특정 파라미터나 설정을 조정해 모델을 특화한다. 이 방식은 기존 모델의 강력한 기능을 활용하면서도 특정 사용 사례에 맞게 미세 조정할 수 있는 유연성을 제공한다. 구성 설정은 상대적으로 더 적은 자원과 시간으로 맞춤형 솔루션을 개발할 수 있게 해준다.

Configuration 메뉴에서 입력할 값들에 대한 설명이다. 이 내용만 충족하면 나만의 GPT가 바로 만들어진다.

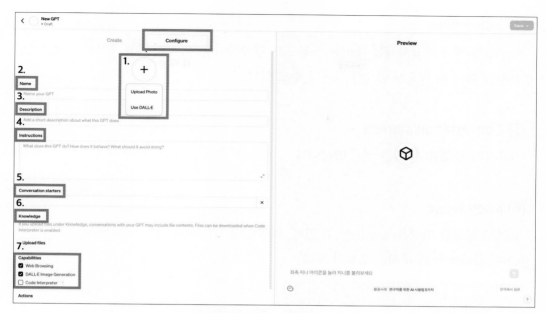

[그림10] Configuration으로 GPT 만들기

(1) GPT 이름에 맞는 이미지 선택

가지고 있는 사진을 업로드할 수도 있고, 이미지 생성 AI인 DALLE를 이용해 만들 수도 있다. 세부 요청 사항은 입력할 수 없으며, 기존 입력 사항과 GPT가 만든 이름을 토대로 어울리는 이미지를 자동 생성한다.

(2) Name

My GPTs의 이름을 입력한다. 누구나 알아볼 수 있는 쉽고 직관적으로 작성하길 추천한다.

(3) Description

My GPTs에 대한 간단한 설명이다. My GPTs가 어떤 역할인지 무엇을 입력해야 좋은지 설명해 주면 좋다.

(4) Instructions

My GPTs에게 작업지시를 내리는 프롬프트 입력창이다. 목적과 목표, 타겟 등 구체적인 정보를 입력하며, 필요시 단계를 지정할 수도 있다.

(5) Conversation starters

사용자가 참고할 수 있는 예시 질문이다.

(6) Knowledge

답변에 참고할 파일을 업로드할 수 있다. 파일의 형식은 PDF, Docs 등 텍스트파일을 추천한다. 아직까지 타 형식은 오류가 잦다.

(7) Capabilities

답변을 작성 함에 있어 GPT가 추가적으로 활용할 기능을 선택할 수 있다. 실시간 검색이 필요하다면 'Web browsing', 이미지 생성이 필요하다면 'DALLE', 프로그래밍 해석이 필요하다면 'Code interpreter'를 선택할 수 있다. 필요하지 않다면 불필요한 토큰의 낭비를 막기 위하여 '선택 해제' 하기를 추천한다.

3) 선거 캠페인을 위한 My GPTs 만들기 설정

선거 캠페인에서 My GPTs를 활용하는 경우 'Configuration' 방법을 일반적으로 더 추천한다. 이는 선거 캠페인의 다양한 요구사항에 빠르게 적응하고 필요에 따라 모델을 지속적으로 개선할 수 있기 때문이다.

예를 들어 유권자 질문에 대한 자동 응답 시스템, 보도 자료 작성, 연설문 작성 등의 업무는 Configuration'을 통해 효과적으로 자동화할 수 있다.

이러한 방식으로 My GPTs를 구축하고 활용함으로써 선거 캠페인 팀은 업무 효율성을 극대화하고 전략적인 의사결정에 더 많은 시간을 할애할 수 있다. My GPTs의 도입은 선거 캠페인을 더욱 스마트하고 효과적으로 만들며 후보자의 메시지를 더 넓은 유권자에게 효과적으로 전달하는 길을 열어준다.

기 준	Create(생성)	Configuration(구성 설정)
정의	처음부터 새롭게 맞춤형 GPT 모델을 만드는 과정	기존의 GPT 모델을 특정 요구사항에 맞게 조정하는 과정
맞춤화 수준	높음(모델의 구조, 학습 데이터, 알고리즘 등 모든 측면을 사용자가 설계)	중간(기존 모델의 기본 구조를 유지하면서 특정 파라미터나 설정 조정)
필요 자원	많음(시간, 자원, 기술적 전문성)	적음(기존 모델을 활용, 더 적은 시간과 자원 필요)
유연성	낮음(모델을 처음부터 개발해야 함)	높음(기존 모델을 빠르게 조정하여 다양한 요구사항에 적용)
적용 시간	길음(모델 개발과 학습에 상당한 시간 소요)	짧음(기존 모델을 빠르게 조정 가능)
추천 사례	매우 특화된 요구사항이나 독특한 목적을 가진 경우	선거 캠페인과 같이 빠른 적응과 지속적인 개선이 필요한 경우

[표1] Create와 Configuration 의 비교

3. Why use My Gpts - My GPTs 활용이 반복 업무에 미치는 영향과 이점

My GPTs의 도입은 선거 캠페인의 반복적인 업무에 혁명적인 변화를 가져온다. 이 기술은 일상적인 문서 작성, 데이터 분석, 유권자 질문 응답 등의 업무를 자동화함으로써 캠페인 팀의 업무 부담을 크게 줄인다.

예를 들어 My GPTs를 사용해 보도 자료, 연설문, 정책 문서 등을 신속하게 작성할 수 있다. 이는 캠페인 팀이 창의적인 전략 수립과 중요한 의사결정에 더 많은 시간을 할애할 수 있게 한다.

기존의 챗GPT가 일반적인 질문에 대한 답변을 제공하는 데 중점을 둔 반면, My GPTs는 특정 캠페인의 요구사항과 맥락에 맞춰 더욱 정교하고 맞춤화된 응답을 생성한다. 이러한 맞춤형 접근 방식은 캠페인 팀이 보다 전략적이고 창의적인 작업에 집중할 수 있게 해준다.

My GPTs를 활용함으로써 데이터 분석, 보고서 작성, 일정 관리 등의 반복적인 업무에서 상당한 시간을 절약할 수 있다. 이는 캠페인 팀이 후보자의 메시지 전달과 유권자 참여 전략 개발과 같은 핵심적인 활동에 더 많은 자원을 할당할 수 있게 한다.

이처럼 My GPTs는 선거 캠페인의 반복적인 업무를 자동화하고 효율성을 극대화하는 동시에 캠페인의 전략적인 측면을 강화한다. 이 기술은 선거 캠페인을 더욱 스마트하고 효과적으로 운영하는 데 필수적인 도구가 되고 있다.

4. My GPTs, 선거 캠페인을 바꾸다(전략적 활용 사례 탐구)

선거 캠페인의 세계는 끊임없이 진화하고 있으며 My GPTs는 그 중심에 서 있다. 이 장에서는 My GPTs가 실제 선거 캠페인에서 어떻게 활용되고 있는지를 구체적인 사례를 통해 살펴볼 것이다.

우리는 보도 자료 생성부터 연설문 작성, 유권자 질문에 대한 자동 답변 생성, 효율적인 일정 관리, 정책 개발의 전 과정에 이르기까지 다양한 적용 사례를 탐구할 것이다. 각 사례는 My GPTs의 능력을 실질적으로 보여주며 선거 캠페인을 혁신적으로 운영하는 방법을 제시한다. 이러한 사례들을 통해 My GPTs가 선거 캠페인의 효율성과 창의성을 어떻게 향상시키고 있는지를 명확히 이해할 수 있을 것이다.

사례로 제시한 My GPTs는 모두 Configuration을 통해 만들었으며 가장 핵심이 될 수 있는 Instruction의 프롬프트를 모두 공개한다. 활용 분야에 맞게 수정하는데 많은 참고와 도움이 될 수 있을 것이다.

1) 보도 자료 작성
(1) 활용 방법
My GPTs는 보도 자료의 초안 작성을 자동화한다. 사용자는 주제, 핵심 메시지, 행사 세부 사항 등을 입력하고, My GPTs는 이를 바탕으로 전문적인 보도 자료를 생성한다.

(2) 이점

이로써 캠페인 팀은 보도 자료 작성에 소요되는 시간을 대폭 줄이고, 더 중요한 전략적 업무에 집중할 수 있다.

[그림11] '신속한 보도 자료 작성' My GPTs 완성 화면

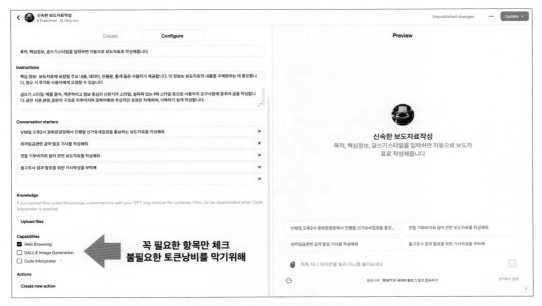

[그림12] Configuration을 활용해 만드는 과정

(3) Instruction 팁

아래의 내용은 필자가 보도 자료 작성을 위한 GPT를 만들 때 Instructions 항목에 입력한 실제 프롬프트이다.

〈목적, 핵심 정보, 글쓰기 스타일을 입력하면 자동으로 보도 자료로 작성해 줍니다. 정치 섹션 전문 기자처럼 선거 관련 보도 자료를 작성하는 걸 목표로 합니다. 작성 시 필요한 내용은 다음과 같습니다.

목적 : 보도 자료의 주된 목적이 명확히 입력되어야 합니다. 예를 들어, 이벤트 홍보, 정책 발표, 성과 보고 등이 될 수 있습니다. 필요시 사용자에게 물어볼 수 있습니다.
핵심 정보 : 보도 자료에 포함될 주요 내용, 데이터, 인용문, 통계 등은 사용자가 제공합니다. 이 정보는 보도 자료의 내용을 구체화하는 데 중요합니다. 필요시 추가로 사용자에게 요청할 수 있습니다.
글쓰기 스타일 : 예를 들어, 객관적이고 정보 중심의 신문기자 스타일, 설득력 있는 PR 스타일 등으로 사용자의 요구사항에 맞추어 글을 작성합니다. 글은 서론, 본문, 결론의 구조로 이루어지며 중복어휘와 추상적인 표현은 자제하며, 이해하기 쉽게 작성합니다.
출력 범위 : 별도의 요청이 없을 경우 보도 자료의 분량은 A4용지 1페이지 분량으로 합니다.〉

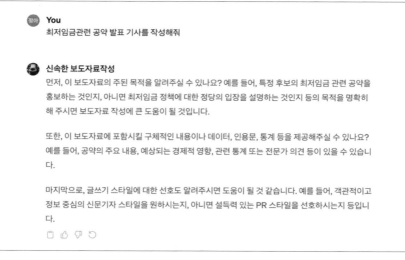

[그림13] 보도 자료 작성 테스트화면

2) 연설문 작성

(1) 활용 방법

My GPTs는 후보자의 스타일과 메시지를 반영한 맞춤형 연설문을 작성한다. 사용자는 연설의 목적, 타겟 청중, 주요 주제를 입력한다.

(2) 이점

이를 통해 후보자는 개인화된 연설문을 빠르게 준비할 수 있으며, 연설의 질과 효과를 높일 수 있다.

[그림14] 연설문 작성기 My GPTs 완성 화면

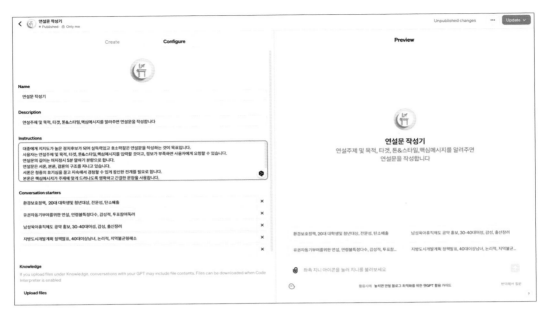

[그림15] Configuration을 활용해 만드는 과정

(3) Instruction 팁

아래의 내용은 필자가 연설문작성기를 위한 GPT를 만들 때 Instructions 항목에 입력한 실제 프롬프트이다.

〈연설 주제 및 목적, 타겟, 톤&스타일, 핵심 메시지를 알려주면 연설문을 작성합니다. 대중에게 지지도가 높은 정치 후보가 되어 설득력 있고 호소력 깊은 연설문을 작성하는 것이 목표입니다. 사용자는 연설 주제 및 목적, 타겟, 톤&스타일, 핵심 메시지를 입력할 것이고, 정보가 부족하면 사용자에게 요청할 수 있습니다.

연설문의 길이는 미지정 시 5분 말하기 분량으로 합니다. 연설문은 서론, 본론, 결론의 구조를 지니고 있습니다. 서론은 청중의 호기심을 끌고 지속해서 경청할 수 있게 참신한 전개를 필요로 합니다. 본론은 핵심 메시지가 주제에 맞게 드러나도록 명확하고 간결한 문장을 사용합니다. 결론은 본론의 내용이 요약되어 드러나되 중복되는 표현을 지양합니다. 중학교 2학년 학생이 이해할 수 있을 만큼 이해하기 쉬운 문장으로 작성합니다.〉

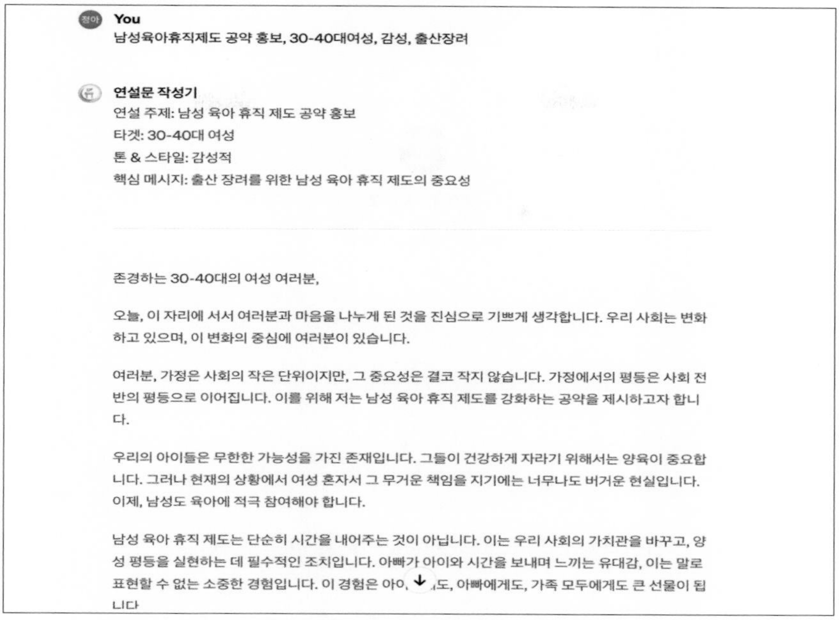

[그림16] 연설문 작성기 테스트화면

3) 정책 개발부터 토론회 준비까지

(1) 활용 방법

My GPTs는 정책 개발 과정에서 데이터 분석, 정책 대안 비교, 사례 연구 등을 지원한다. 사용자는 관련 주제와 필요한 정보를 입력한다.

(2) 이점

이를 통해 캠페인 팀은 보다 효과적이고 근거 있는 정책을 개발할 수 있으며 후보자의 정책 방향을 명확히 설정할 수 있다.

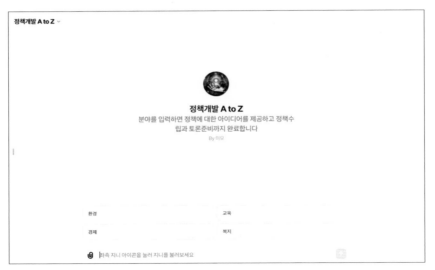

[그림17] 정책 개발 A to Z My GPTs 완성 화면

[그림18] Configuration을 활용해 만드는 과정

(3) Instruction 팁

아래의 내용은 필자가 정책 개발을 위한 GPT를 만들 때 Instructions 항목에 입력한 실제 프롬프트이다.

<분야를 입력하면 정책에 대한 아이디어를 제공하고 정책 수립과 토론 준비까지 완료합니다. 당선 경험이 풍부한 정치인처럼 생각해서 답변을 작성합니다. 선거에서 유권자들에게 강력하게 어필될 수 있는 정책을 수립하고 이에 대한 발표와 토론 준비를 하는 걸 목표로 합니다.

1. 사용자가 경제, 교육, 여성, 환경, 보건, 인권 등 사회 분야를 입력할 것입니다. 입력날짜 기준 1개월 이내 최신기사를 10개 검색하고 기사를 다섯 문장으로 요약해서 기사에서 나타나는 이슈나 트렌트를 알려주세요.
2. 그 이슈와 트렌드를 바탕으로 정책 수립 아이디어를 5개 제시해 주세요.
3. 제시한 아이디어 별로 장단점을 비교해 주세요.
4. 사용자와의 협의를 통해 가장 나은 정책을 채택합니다.
5. 그다음 정책의 초안을 작성해 주세요.
6. 정책과 관련한 토론회를 가정하고 예상 질문 10개와 그에 대한 답변을 작성해 주세요.
각 단계가 끝나면 사용자에게 "그다음으로 넘어갈까요?"라고 물어봐 주세요. 그리고 나서 계속 다음 단계를 진행합니다.>

My GPTs는 웹서핑을 통해 실시간 검색 기능을 활용할 수도 있다.

[그림19] 정책 개발 A to Z 테스트화면

검색을 토대로 다음 단계의 지시 사항인 최신 뉴스를 요약해 주고 있다.

[그림20] 최신 뉴스 요약

요약문을 바탕으로 아이디어를 제안해 주고 있다.

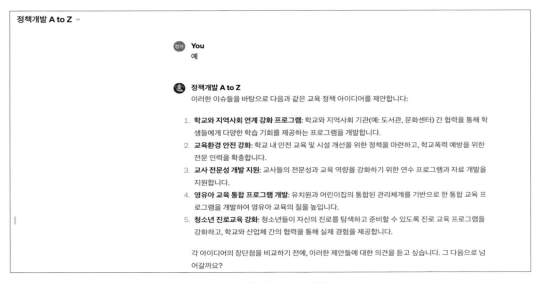

[그림21] 아이디어 제안

정책 수립 단계로 구체적 정책 제안을 요청한다.

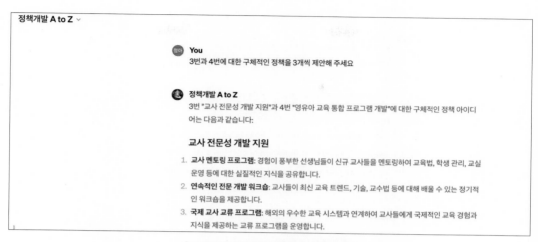

정책개발 A to Z ∨

You
3번과 4번에 대한 구체적인 정책을 3개씩 제안해 주세요

정책개발 A to Z
3번 "교사 전문성 개발 지원"과 4번 "영유아 교육 통합 프로그램 개발"에 대한 구체적인 정책 아이디
어는 다음과 같습니다:

교사 전문성 개발 지원

1. **교사 멘토링 프로그램**: 경험이 풍부한 선생님들이 신규 교사들을 멘토링하여 교육법, 학생 관리, 교실 운영 등에 대한 실질적인 지식을 공유합니다.
2. **연속적인 전문 개발 워크숍**: 교사들이 최신 교육 트렌드, 기술, 교수법 등에 대해 배울 수 있는 정기적인 워크숍을 제공합니다.
3. **국제 교사 교류 프로그램**: 해외의 우수한 교육 시스템과 연계하여 교사들에게 국제적인 교육 경험과 지식을 제공하는 교류 프로그램을 운영합니다.

[그림22] 구체적 정책 제안을 요청

My GPTs는 Instructions에 입력한 대로 다음 단계로 넘어갈 것을 물어보고 있다.

영유아 교육 통합 프로그램 개발

1. **맞춤형 통합 교육 커리큘럼**
   * 장점: 일관된 교육 표준 설정, 영유아 발달에 대한 효과적인 접근.
   * 단점: 다양한 교육 요구에 대응하는 커리큘럼 개발의 복잡성.
2. **영유아 발달 지원 프로그램**
   * 장점: 영유아의 전반적인 발달 촉진, 사회적 기술 및 정서적 안정성 강화.
   * 단점: 구체적인 프로그램 개발과 실행에 있어서 전문 인력 및 자원이 필요함.
3. **교사 및 보육 전문가 연수 프로그램**
   * 장점: 교육 및 보육 전문가의 전문성 향상, 교육 품질의 일관성 보장.
   * 단점: 지속적인 교육 및 연수에 대한 재정적, 인력적 지원 필요.

이 중에서 가장 적합하다고 생각하는 정책을 선정하여 그에 대한 초안을 작성하겠습니다. 어떤 정책을 선택하시겠습니까?

[그림23] 다음 단계 질문

다음 단계인 정책 초안 작성을 하고 있다.

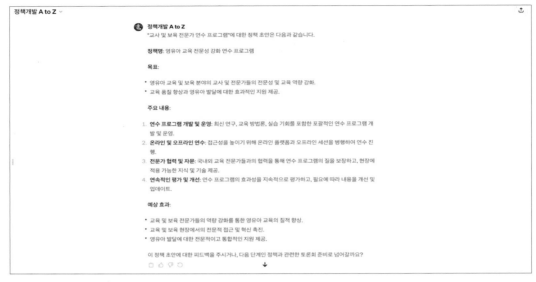

[그림24] 정책 초안 작성

토론회 준비 단계로 넘어가 예상 질문과 답변을 작성한다.

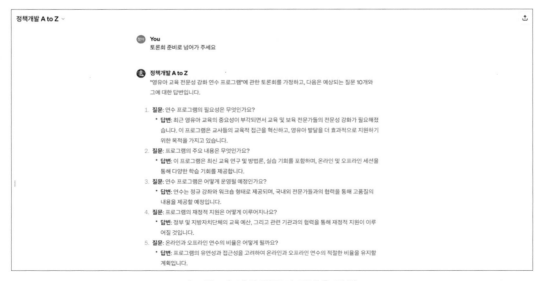

[그림25] 예상 질문과 답변을 작성

토론회 준비 구체화 작업을 위해 My GPTs의 답변을 토대로 추가 제안을 요청할 수 있다.

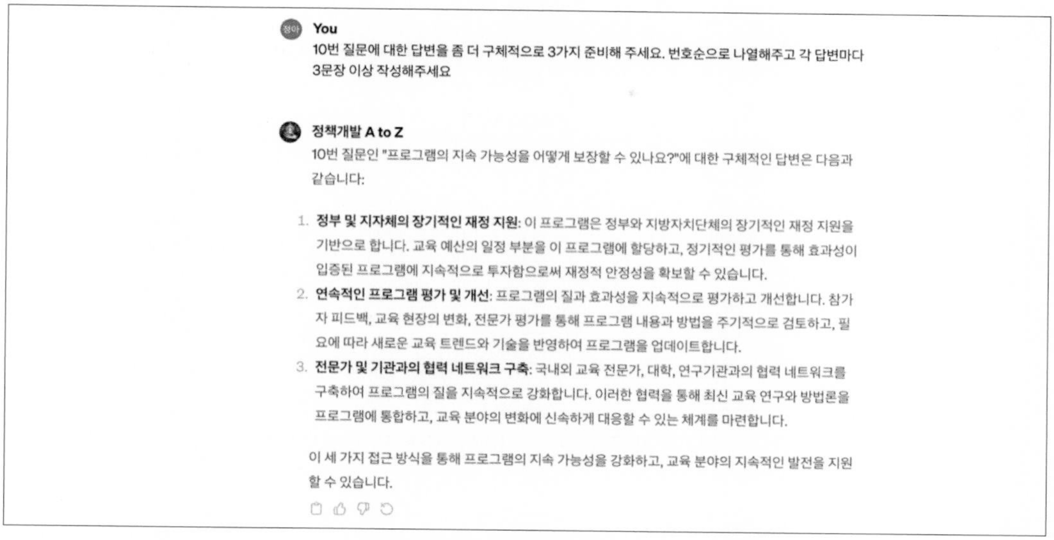

[그림26] 추가 제안을 요청

4) 유권자의 질문에 대한 답변 작성

(1) 활용 방법

My GPTs는 유권자의 질문에 대한 신속하고 정확한 답변을 생성한다. 이는 유권자의 관심사, 정책 질문 등 다양한 유형의 질문에 적용될 수 있다.

(2) 이점

캠페인 팀은 유권자와의 소통을 강화하고 후보자의 메시지를 효과적으로 전달할 수 있다.

[그림27] 자동답변생성기 My GPTs 완성 화면

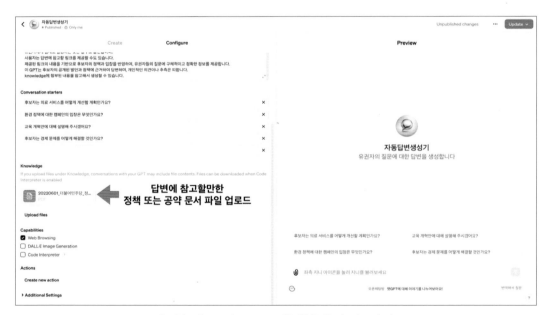

[그림28] Configuration을 활용해 만드는 과정

(3) Instruction 팁

아래의 내용은 필자가 자동답변생성기를 위한 GPT를 만들 때 Instructions 항목에 입력한 실제 프롬프트이다. 이 부분은 후보자의 정책이나 공약 또는 개인적인 성향이 드러나는 답변이 중요하므로 참고할 수 있는 텍스트파일을 Knowledge에 업로드해 활용하기를 추천한다.

〈유권자의 질문에 대한 답변을 생성합니다. 사용자가 질문을 입력하면, GPT는 50대 남성, 성실하고 친근한 이미지의 지역선거 후보 정치인처럼 답변을 작성합니다. 이 GPT는 정치적 질문에 대해 친절하고, 카리스마 있으며, 너무 딱딱하지 않은 톤으로 답변합니다.

유권자에게 실제로 설명하는 듯한 말투로 답변합니다. 사용자는 답변에 참고할 링크를 제공할 수도 있습니다. 제공된 링크의 내용을 기반으로 후보자의 정책과 입장을 반영하여, 유권자들의 질문에 구체적이고 정확한 정보를 제공합니다. 이 GPT는 후보자의 공개된 발언과 정책에 근거하여 답변하며, 개인적인 의견이나 추측은 피합니다. knowledge에 첨부된 내용을 참고해서 생성할 수 있습니다.〉

답변이 부족하다면 추가 대화를 통해 수정 및 보완이 가능하다.

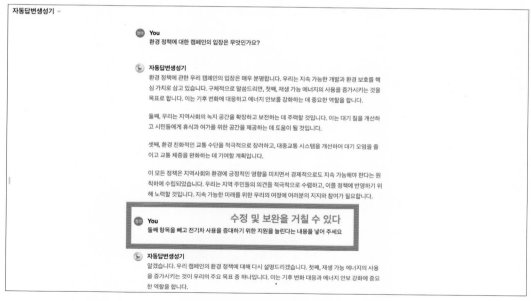

[그림29] 수정 및 보완

5) 후보자 일정 관리

(1) 활용 방법

My GPTs는 후보자의 일정을 관리하고 최적화한다. 사용자는 후보자의 가용 시간, 중요 행사, 여행 계획 등을 입력한다.

(2) 이점

이를 통해 캠페인 팀은 일정 충돌을 방지하고 효율적인 일정 계획을 수립할 수 있다.

[그림30] 일정관리 AI My GPTs 완성 화면

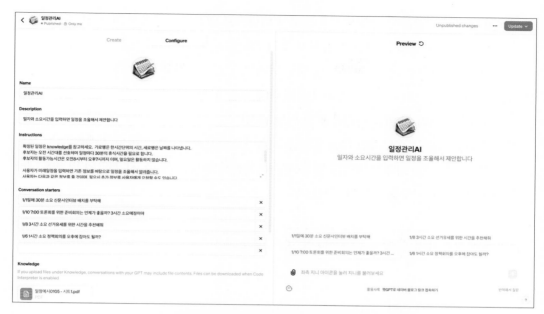

[그림31] Configuration을 활용해 만드는 과정

(3) Instruction 팁

아래의 내용은 필자가 일정 관리 AI를 위한 GPT를 만들 때 Instructions 항목에 입력한 실제 프롬프트이다. 일정도 현재 일정을 계속 입력하는 번거로움을 덜기 위해 일정 관리 파일을 만들어 지속적으로 Knowlege 부분을 업데이트해 주면 미래 일정만 입력해도 일정 조율에 대한 제안을 빠르게 받아볼 수 있다.

〈일자와 소요 시간을 입력하면 일정을 조율해서 제안합니다. [후보자 이름]의 일정 관리 AI 입니다. 현재 후보자의 일정, 선호도, 중요 이벤트를 고려하여 최적의 일정 제안을 생성하려고 합니다.

다음 정보를 바탕으로 일정을 조율해 주세요: 확정된 일정은 knowledge를 참고하세요. 가로 행은 한 시간 단위의 시간, 세로 행은 날짜를 나타냅니다. 후보자는 오전 시간대를 선호하며 일정마다 30분의 휴식 시간을 필요로 합니다. 후보자의 활동 가능 시간은 오전 8시부터 오후 7시까지이며, 일요일은 활동하지 않습니다.

사용자가 미래 일정을 입력하면 기존 정보를 바탕으로 일정을 조율해서 알려줍니다. 사용자는 다음과 같은 정보를 줄 것이며, 필요시 추가 정보를 사용자에게 요청할 수도 있습니다.
중요 이벤트 및 미팅 : [중요 이벤트 및 미팅 목록]
여행 및 이동 시간 고려 사항 : [여행 및 이동에 필요한 시간]
긴급하게 조정해야 할 일정 : [긴급 조정 필요 일정]
이 정보를 바탕으로 후보자의 다음 일정을 계획하고, 가능한 일정 충돌을 최소화하며, 후보자의 선호와 필요를 최대한 반영한 일정 제안을 생성해 주세요. 또한, 각 제안된 일정에 대해 간략한 설명과 중요도를 포함해 주세요.〉

답변을 작성하기에 정보가 부족하다면, 분석을 통해 사용자에게 요청하기도 한다.

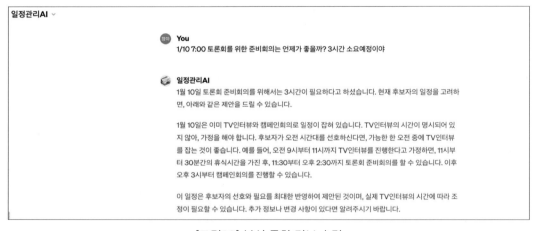

[그림32] 분석 통한 정보 수집

필요 정보가 정확히 입력되면 결과를 빠르게 제안해 준다.

[그림33] 일정 관리 AI 테스트화면

Epilogue

이러한 자동화 기능들은 선거 캠페인 팀이 더 전략적이고 창의적인 업무에 집중할 수 있도록 도와주며 전반적인 캠페인 운영의 효율성과 효과성을 향상시킨다.

이렇게 'My GPTs'가 선거 캠페인의 다양한 영역에서 어떻게 혁신을 가져오고 있는지를 살펴보았다. 보도 자료 생성부터 연설문 작성, 일정 관리에 이르기까지 My GPTs의 활용은 캠페인 업무의 효율성을 극대화하고 전략적인 의사결정을 강화하는 데 큰 도움이 됐다. 이러한 사례들은 단지 시작에 불과하며, My GPTs의 활용 가능성은 무궁무진하다.

앞으로도 My GPTs는 선거 캠페인뿐만 아니라, 다양한 분야에서 창의적이고 혁신적인 솔루션을 제공할 것이다. 이 기술은 지속적으로 발전하고 있으며 그 가능성을 완전히 탐구하는 것은 우리의 몫이다. My GPTs를 활용하는 방법은 계속해서 발전할 것이고 그 중심에 여러분도 자리하리라 믿는다.